生物制药综合性实验

主 编 吕 蓓 宰 予

参 编（按笔画顺序排列）

卫 蔚 王在天 王 晗 朱 华

刘少华 江 山 许 晔 何 聪

张 行 张盈月 林 洁 欧 莹

顾 莹 康利琴 韩洪苇 戴 谷

上海交通大学出版社
SHANGHAI JIAO TONG UNIVERSITY PRESS

内容提要

本书为“全国高等院校生物工程类专业实验综合性教材”之一，主要内容包括微生物发酵技术、动物细胞培养技术、固定化酶技术、基因工程技术、生物大分子的分离纯化技术、多糖的提取和分离，涵盖了生物制药工艺学和食品工程技术等综合性实验34个。本书不仅详尽描述了实验方法和操作过程，还深入阐述了实验原理，按照教学需求分成若干个实验步骤进行，旨在提升学生的综合性实验能力和科研素质。本书可供生物制药、生物工程及生物技术等专业综合性实验教学使用，也可供生物制药科技人员参考使用。

图书在版编目(CIP)数据

生物制药综合性实验/ 吕蓓，宰予主编. -- 上海 : 上海交通大学出版社，2024. 12 -- ISBN978-7-313-31932-6

Ⅰ. TQ464-33

中国国家版本馆 CIP 数据核字第 2024UR5590 号

生物制药综合性实验

SHENGWU ZHIYAO ZONGHEXING SHIYAN

主　　编：吕　蓓　宰　予

出版发行：上海交通大学出版社　　地　　址：上海市番禺路 951 号

邮政编码：200030　　电　　话：021－64071208

印　　制：上海万卷印刷股份有限公司　　经　　销：全国新华书店

开　　本：787 mm×1092 mm　1/16　　印　　张：7.75

字　　数：192 千字

版　　次：2024 年 12 月第 1 版　　印　　次：2024 年 12 月第 1 次印刷

书　　号：ISBN 978－7－313－31932－6

定　　价：39.00 元

前　言

随着生物技术的飞速发展，生物制药已成为全球医药产业中最具活力和创新潜力的领域之一。生物制药在治疗重大疾病、提高人类生活质量方面发挥着重要作用，在全球经济中占据着越来越重要的地位。为了适应这一发展趋势，培养具有创新精神和实践能力的生物制药专业人才，我们教研室经过多年的教学实践和研究，编写了这本《生物制药综合性实验》教材。

本教材的编写团队由来自不同学科背景的专业教师组成，具有丰富的教学和科研经验。在教材的编写过程中，我们力求做到以下几点：

（1）系统性与前沿性相结合：教材内容涵盖了生物制药领域的基础知识、核心技术和最新进展，旨在为学生提供一个全面的、系统的学习框架。

（2）理论与实践并重：通过精心设计的实验项目，将理论知识与实际操作紧密结合，帮助学生在实践中深化理解，提高解决实际问题的能力。

（3）案例分析与讨论：引入典型实验案例，鼓励学生进行分析和讨论，培养他们的批判性思维和创新能力。

（4）跨学科知识整合：生物制药是一个多学科交叉的领域，本教材在内容安排上注重跨学科知识的整合，以适应生物制药行业对复合型人才的需求。

（5）安全性与伦理性：在实验操作中，特别强调生物安全和伦理规范，确保学生在实验过程中的安全和对伦理问题的敏感性。

本教材共有 34 个实验，每个实验都包含实验目的、实验原理、仪器与材料、实验步骤、注意事项和思考题部分。内容涵盖生物制药核心课程的所有实验类别，包括生物化学与分子生物学、细胞生物学、微生物学与免疫学、天然产物化学、生物制药工艺学、生物制药技术、食品工程等相关实验。

在教材的使用过程中，有一些综合性实验会按照课时需要分步骤进行，我们建议教师根据学生的实际情况和教学目标，灵活安排教学内容和实验项目。同时，我们也鼓励学生积极参与实验操作，主动探索和思考，不断积累实践经验。

我们相信，通过本教材的学习，学生们不仅能够掌握生物制药的基本理论和实践技能，还能够培养对生物制药行业的热情和责任感。我们期待看到学生们在未来的生物制药领域中发挥重要作用，为人类的健康事业作出贡献。

最后，我们要感谢所有参与教材编写、审阅和提供宝贵意见的专家和同行。没有他们的支持和帮助，这本教材的编写工作是不可能完成的。我们也希望读者能够提出宝贵的意见和建议，以便我们不断改进和完善教材内容。

祝愿每一位读者都能在生物制药的道路上不断进步，收获知识和成就。

江苏第二师范学院生物制药教研室

目　　录

实验 1　大肠杆菌生长曲线的测定

1. 实验目的

通过测定大肠杆菌在不同时间点的数量，绘制其生长曲线，了解其生长特性。

2. 实验原理

生长曲线的基本原理：生长曲线反映了细菌在培养基中的数量随时间的变化。曲线的形态受到多种因素的影响，包括营养物质的供应、环境条件（如温度、pH）以及细菌的生长速率等。

1）潜伏期的原理

在潜伏期，细菌适应新环境，合成必要的酶和蛋白质以准备开始快速增殖。在此阶段，细菌数量基本不变或增长缓慢。

2）指数期的原理

指数期是细菌增殖最快的阶段，细菌数量以指数方式增加。这是由于细菌处于最有利于生长的条件下，且生长速率最高。

3）平稳期的原理

在平稳期，细菌的增殖速率减慢并最终停止，细菌数量保持相对恒定。这是由于营养物质的消耗和毒素的积累导致环境条件的恶化，从而抑制了细菌的生长。

4）衰退期的原理

在衰退期，细菌数量开始减少，细菌死亡速率大于新细菌生成速率。这可能是由于营养物质耗尽、毒素积累或其他不利环境因素导致的。

通过测定不同时间点的细菌数量，可以绘制出细菌生长曲线，从而了解细菌在不同生长阶段的特性。这有助于研究大肠杆菌的生长动力学，为探究其生长机制提供重要信息。

3. 仪器与材料

（1）仪器：烧杯、试管、培养皿、微量移液器或吸管、灭菌的移液枪或吸管、培养箱、培养皿计数器或显微镜。

（2）材料：胰蛋白胨、酵母提取物、NaCl、盐酸、氢氧化钠。

4. 实验步骤

1）制备培养液

取适量的 LB 培养基，按以下要求配制培养液，确保无菌。

（1）准备 LB 培养基原料：胰蛋白胨：10 g/L；酵母提取物：5 g/L；NaCl：10 g/L。将以上原料加入适量的去离子水中溶解。

（2）调节 pH：使用盐酸或氢氧化钠调节培养基的 pH 约至 7.0。

(3) 加热溶解：将培养基加热至沸腾，直至完全溶解。

(4) 灭菌：通过高压蒸汽(121 ℃，15 min)或过滤(0.22 μm 滤膜)等方法对培养基进行灭菌，确保培养基无菌。

2) 接种培养液

从冰箱中取出保存的大肠杆菌(*Escherichia coli*)菌液，用无菌移液器或吸管将适量的菌液接种到含有 LB 培养基的烧杯或试管中。

3) 培养菌液

将接种好的培养液置于 37 ℃的培养箱中，利用培养箱提供的适宜温度使大肠杆菌进行生长。

4) 取样测量

每隔一定时间间隔(如 30 min 或 1 h)，取出一定量的培养液样品，并在无菌条件下将样品均匀涂布在含有 LB 培养基的培养皿上。

5) 菌落计数

利用培养皿计数器或显微镜，对培养皿上的菌落进行计数，记录每个时间点的菌落数量。

6) 绘制生长曲线

将每个时间点的菌落数量绘制成生长曲线图，横轴为时间，纵轴为菌落数量，可以观察到大肠杆菌的生长特性。

7) 计算大肠杆菌的生长速率

大肠杆菌的生长速率通常用比生长速率(specific growth rate)μ 来表示，其计算公式为：

$$\mu = \frac{\ln(N_t) - \ln(N_0)}{t}$$

其中：

μ 是比生长速率(单位为时间的倒数，如小时的倒数)；

N_t 是在 t 时刻的细菌数量；

N_0 是在 $t=0$ 时刻的细菌数量；

t 是时间间隔。

在实际应用中，常常使用对数变换来计算生长速率，因为细菌数量通常以指数方式增长，而对数变换可以将指数增长转换为线性增长。因此，上面的公式可以改写为：

$$\mu = \frac{\log(N_t) - \log(N_0)}{t}$$

5. 注意事项

(1) 所有操作都必须在无菌条件下进行，以避免外源性微生物的污染。

(2) 实验过程中要注意个人防护，避免接触培养液或培养皿。

(3) 在处理培养液和培养皿时，要注意避免产生气溶胶，以防止细菌传播。

(4) 实验结束后，要正确处理实验废弃物，以防止污染环境。

6. 思考题

（1）在实验中，如果将温度降低或提高，对大肠杆菌生长曲线会产生什么影响？为什么？

（2）在实验中观察到的生长曲线是否符合理想的生长模型？如果不符合，可能的原因是什么？

（3）如果在指数期将部分培养液转移至含有抗生素的培养基中，预期会如何影响生长曲线？

实验2　金黄色葡萄球菌的甘油保藏法

1. 实验目的

学习并掌握金黄色葡萄球菌的甘油保藏法，用于长期保存细菌培养物。

2. 实验原理

金黄色葡萄球菌的甘油保藏法利用了甘油对细菌的保护作用。甘油可以减缓细菌的代谢活动，降低冰冻过程中细胞内液体结晶的形成，从而减少对细胞的损伤，有利于细菌的长期保存。

在实验中，将金黄色葡萄球菌培养物与甘油溶液混合后，放置于 4 ℃ 的恒温箱中保存。4 ℃的低温可以减缓细菌的代谢活动，而添加甘油则可以进一步增强保护作用，这样可以使金黄色葡萄球菌在甘油的保护下长期存活，方便日后使用。

甘油保藏法是一种简单易行的细菌保存方法，适用于需要长期保存细菌培养物并随时使用的实验室。

3. 仪器与材料

（1）仪器：恒温箱、无菌试管、培养基平板。

（2）材料：金黄色葡萄球菌培养液、甘油溶液。

4. 实验步骤

1）制备甘油溶液

取一定量的甘油并加入等体积的金黄色葡萄球菌培养液中，混合均匀。

2）分装培养物

从培养基平板中取出金黄色葡萄球菌培养物，将其转移到无菌试管中。

3）加入甘油溶液

向每个试管中加入足够的甘油溶液，与金黄色葡萄球菌培养物体积相等，混合均匀。

4）混合均匀

轻轻摇晃试管，确保金黄色葡萄球菌培养物与甘油溶液充分混合。

5）保存培养物

将试管放置于恒温箱中，恒温箱的温度设定为 4 ℃。

6）记录保存

记录保存的培养物数量和标识，以便日后使用。

5. 注意事项

（1）操作过程中要保持无菌操作，避免细菌的污染。

（2）使用甘油溶液时要避免接触皮肤，避免对皮肤造成伤害。

（3）保存后的培养物应定期观察并记录其状态，确保保存效果。

6. 思考题

（1）在实验中，如果将培养物存放在-20 ℃或更低温度的冷冻箱中，对细菌的存活会有何影响？

（2）除了甘油保存，还有哪些物质可以用于细菌的长期保存？它们各自的优缺点是什么？

（3）甘油保藏法适用于哪些类型的细菌？对于其他类型的细菌，是否有更适合的保存方法？

实验3　酵母菌的发酵实验

3.1　小型发酵罐的构造及使用方法

1. 实验目的

（1）了解小型发酵罐的基本结构。

（2）学会发酵罐运行的基本操作，掌握发酵罐实罐灭菌、无菌接种技术、培养方法及发酵条件的控制。

2. 实验原理

发酵罐是一种专门用于进行液体发酵的设备，能够提供微生物生长的适宜环境。通过实验，学生可以了解小型发酵罐的基本结构，学会如何对发酵罐进行实罐灭菌，掌握无菌接种技术、培养方法及发酵条件的控制。这些技能对于理解和应用发酵过程至关重要。

普通发酵罐主要分为两个部分：罐体及操作面板和辅助设备。

（1）罐体及操作面板。

① 顶盖：发酵罐顶盖，升起后，可对罐体进行加料或清洗。

② 搅拌旋转轴：控制搅拌轴进行旋转搅拌。

③ 酸、碱补料口：调节发酵过程中培养基 pH 用的酸、碱补料口。

④ 消泡剂进口：消泡剂加料口，用于发酵过程中培养基的消泡。

⑤ 液面探头：探测发酵罐中培养基液面。

⑥ 空气进口：压缩空气进口。

⑦ 接种口：菌种接种口，用于接种。

⑧ 顶盖四周固定螺栓：用于合上顶盖后，对其进行固定。

⑨ 溶氧电极探头口：安装溶氧电极探头，用于监控发酵过程中发酵液中溶氧量。

⑩ pH 电极探头口：安装 pH 电极探头，用于监控发酵过程中发酵液中 pH。

⑪ 取样口：发酵液取样口，用于发酵过程中发酵液取样。

⑫ 出料口：发酵罐出料口，用于发酵结束后放料。

⑬ 操作面板：触摸屏操作面板可对发酵过程进行控制。

（2）辅助设备。

① 蒸汽发生器：用于产生高压蒸汽，对发酵罐体和管路进行灭菌。

② 冷水机：提供冷却水，供发酵罐体冷却降温。

③ 空压机：即空气压缩机，是一种提供压缩空气的设备，为发酵罐供氧供气。

3. 仪器与材料

（1）仪器：小型发酵罐及配套设备。

（2）材料：培养基。

4. 实验步骤

（1）打开设备总电源。

（2）打开空压机开关。

（3）在发酵罐操作面板上打开发酵罐开关，等待其开机，自检。

（4）打开蒸汽发生器进水管水阀，打开蒸汽发生器开关，开始烧水产生蒸汽，注意水温上升后压力表读数是否上升，如果压力不上升需要检查管路气密性。等水温上升，压力也上升后，把蒸汽发生器出气阀打开45°，即半开状态，检查压力表压力是否正常下降，若压力可以正常下降，关闭出气阀，继续产生蒸汽，若压力不能下降则需要检查蒸汽发生器出气阀是否堵塞。

（5）在发酵罐操作面板上升起发酵罐顶盖，打开发酵罐内部的观察灯，检查发酵罐体中是否有异物，用清水清洗罐体，清洗完毕后，关闭发酵罐取样口、出料口阀门。

（6）打开蒸汽发生器出气阀和蒸汽滤芯处放气阀，检查放出的是否为蒸汽，如果不是蒸汽而是水，那就需要关闭上述两个阀门继续等蒸汽发生器产生蒸汽。如果放出的是蒸汽则说明蒸汽发生器已经就绪，关闭上述两个阀门。

（7）旋开发酵罐安装溶氧电极和pH电极的入口旋盖，把两个电极分别安装上专用密封盖，接上检测线，对电极进行校准。等溶氧电极在空气中示数稳定后，在操作面板对其上通道赋值100；等后续发酵罐灭菌结束后，不搅拌的情况下再对其下通道赋值0。把溶氧电极插入发酵罐，旋紧专用密封盖。pH电极需要先用蒸馏水对探头进行清洗，然后用缓冲液对pH进行校准，将pH电极插入pH 4.0的缓冲液中，等其读数稳定后，在操作面板对下通道赋值4.0；将pH电极取出，用蒸馏水清洗后插入pH 9.18的缓冲液中，等其读数稳定后，在操作面板对上通道赋值9.18。取出pH电极并用蒸馏水清洗，然后插入发酵罐体，旋紧专用密封盖。

（8）升起发酵罐顶盖到合适的加料位置，注意升盖过程中避开上方空气滤芯，向发酵罐中添加培养基，加料完毕后把发酵罐体边缘擦干净，降下顶盖，即将合上顶盖时，注意调整顶盖位置，使其对准发酵罐体，最后锁上顶盖四周的固定螺栓。

（9）顶盖合上后，分别在酸、碱补料口、消泡剂补料口安装上垫片，拧紧旋盖。

（10）连接空气进口与空气滤芯，垫上垫片，拧上卡扣，检查罐体所有接口是否拧紧，开始对罐体进行保压操作，用于检测发酵罐体整体气密性。打开罐体气阀，在操作面板把空气阀改成手动模式，然后手动打开，使罐体压力加压到0.8 bar，如压力过高可以打开放气阀，调节成自动模式。保持罐体压力0.8 bar 5 min，如果可以保持压力不下降，继续打开进气阀，使其加压到1.2 bar，并保持5 min。气密性检查结束后，把放气阀调节为手动模式，打开放气阀，释放压力。等罐体压力降到0以后，在操作面板清除所有手动操作，准备灭菌。

（11）打开蒸汽发生器出气阀，打开蒸汽滤芯处放气阀，等放气阀中仅出蒸汽不再出水后关闭放气阀。在操作面板“过程选择”中选择“灭菌”，打开灭菌参数设置，设置灭菌温度为121 ℃，时间为30 min，参数设置完毕后点击“灭菌”按钮开始灭菌。灭菌过程结束后，点击“停止”按钮，再点击“过程复位”，结束灭菌过程。

（12）等溶氧电极读数稳定后，对溶氧电极下通道赋值0。

（13）在操作面板上，根据发酵过程需要设定搅拌速度、罐体压力（保持罐体正压）、pH、溶氧量和温度。

(14) 打开冷水机进水管水阀,打开冷水机开关,打开冷水机机身进水阀和出水阀,根据需要设定冷水温度。

(15) 所有参数设置完毕后,在操作面板"过程选择"中选择"发酵",点击"启动"按钮,对发酵罐进行试运行 5 min,点击"停止"按钮。在试运行过程中需要实时查看系统是否有报警。

(16) 关闭蒸汽发生器出气阀,停止蒸汽发生器。在操作面板把放气阀调整为手动模式,打开放气阀释放压力,压力归零后关闭放气阀,并在操作面板取消手动阀门。

(17) 把事先灭菌的酸液和碱液分别接上对应的蠕动泵,用酒精棉球对酸、碱补料口和旋盖进行擦拭消毒,分别拧开酸、碱补料口旋盖,因为之前安装了垫片,实际此时补料口并不直接接触空气,所以虽然不是正压但不用担心染菌,剥开酸液和碱液的补料扎针,用酒精棉球消毒后分别插入酸、碱补料口,拧紧密封盖,打开软管上的夹子。

(18) 用酒精棉球擦拭接种口周围,准备接种。按照(16)步骤调低罐压但不要降为0,保持罐体正压。旋松接种口,点燃接种用的酒精圈,在接种口上下移动消毒,拧开接种口盖,放在装有75%酒精的培养皿中,把装有菌种的三角瓶,拔出塞子,瓶口在酒精圈上过火后将菌液倒入发酵罐,把接种口盖过火后拧紧,调回正常压力,灭掉酒精圈,再用酒精棉球擦拭接种口附近,接种完毕。

(19) 在操作面板点击"启动",开始发酵,在"监测过程"点击"过程开始",系统会监控过程中的参数变化。如发酵期间需要取样,可以打开取样口进行取样。

(20) 发酵结束后,在操作面板点击"停止",在"监测过程"点击"过程结束",把放气阀调整为手动模式,手动打开,使罐体降压到0,并在放料过程中保持放气阀打开,便于放料。拧松接种口,打开出料口,放料。放料结束后,拧紧出料口,在操作面板取消所有手动阀门,关闭空压机,关闭冷水机,关闭蒸汽发生器,关闭蒸汽发生器进水阀,关闭冷水机进水阀,准备开始清洗罐体。

(21) 拧松酸、碱补料口,拔出扎针,去除垫片,拔出液面检测探头,拆除连接空气进口与空气滤芯的管路,松开顶盖四周固定螺栓,升起顶盖。拆除溶氧电极与 pH 电极,用蒸馏水清洗电极,在溶氧电极和 pH 电极安装口装上堵头。用清水冲洗罐体,关闭所有电源。

5. 注意事项

(1) 在降下顶盖,顶盖即将合上时,微调顶盖位置,使其对准下方罐体,此时需要注意别被夹手。

(2) 灭菌过程中需要实时注意操作面板是否有报警,若有需要及时处理。

(3) 发酵刚开始时,冷水机中冷却水消耗会比较快,需要注意尽快加水到没过液面传感器。

(4) 酸液和碱液接入发酵罐前检查一下罐体是否有压力,如果有压力,需要放压后再进行操作。

(5) pH 电极保存时需浸泡在缓冲液中。

6. 思考题

接种时如何防止污染?

3.2 酵母菌的发酵实验

1. 实验目的

观察酵母菌在适当条件下利用葡萄糖进行发酵产生乙醇的过程。

2. 实验原理

酵母菌的发酵实验基于酵母菌利用葡萄糖等碳源进行发酵产生乙醇的生物学过程。发酵是一种无氧代谢过程，通过这种过程，酵母菌能够从碳源中获取能量并产生代谢产物。

在酵母菌的发酵实验中，葡萄糖是一种常用的碳源，酵母菌通过糖酵解途径将葡萄糖分解为乙醇和二氧化碳。这个过程可以简化为以下化学方程式：

$$C_6H_{12}O_6 \longrightarrow 2C_2H_5OH + 2CO_2$$

其中，葡萄糖在发酵过程中被分解成乙醇和二氧化碳，同时释放出能量。乙醇是发酵的主要产物之一，可以通过收集发酵瓶中产生的气体或直接测定培养液中的乙醇浓度来检测发酵的进度和乙醇产量。

发酵实验通常在适当的温度和 pH 条件下进行，这样可以提供良好的生长环境和最大化的发酵效率。通过这个实验，可以了解酵母菌的代谢特性，也可以应用于食品工业和生物技术领域，如酿酒、面包等食品的生产，以及乙醇的生产等。

3. 仪器与材料

(1) 仪器：发酵瓶、橡胶塞、酒精计、恒温水浴摇床。

(2) 材料：干酵母(酿酒酵母)、葡萄糖溶液(1%)、酵母培养基。

4. 实验步骤

1) 制备酵母培养基

(1) 酵母培养基的配方为：葡萄糖 20 g/L、酵母营养盐 5 g/L、蛋白胨 5 g/L、麦芽提取物 3 g/L、蛋氨酸 0.5 g/L、磷酸氢二钾 1 g/L，pH 调至 5.0。

(2) 将培养基溶液装入试管中，用高压蒸汽灭菌。

2) 培养酵母菌

取一定量的干酵母，加入培养基中，用恒温水浴摇床培养，37 ℃，150 r/min，培养 24 h。

3) 制备发酵瓶

在干净的发酵瓶中加入 100 mL 葡萄糖溶液和 10 mL 酵母培养基。

4) 接种酵母菌

取 1 mL 培养好的酵母悬液接种到发酵瓶中，使其与葡萄糖溶液和酵母培养基充分混合。

5) 封闭发酵瓶

在发酵瓶口放置橡胶塞，并用气体透过管连接到水池中，以便排放产生的二氧化碳。

6）恒温发酵

将发酵瓶放入恒温水浴中，37 ℃，恒温培养 24 h。

7）收集乙醇

在发酵过程中，通过酒精计检测产生的乙醇含量。

8）记录数据

记录发酵过程中的温度变化、产气情况和乙醇产量等数据。

5. 注意事项

（1）实验中要保持无菌操作，避免细菌和其他污染物的干扰。

（2）控制发酵温度和时间，确保发酵条件符合酵母菌的生长需求。

（3）对产生的乙醇进行安全处理，避免对环境造成污染。

6. 思考题

（1）酵母菌的发酵过程与呼吸过程有何区别？

（2）在酵母菌发酵过程中，乙醇是主要的代谢产物之一。除了乙醇，还有哪些其他可能的代谢产物？

（3）除了葡萄糖，还有哪些碳源可以用于酵母菌的发酵？它们与葡萄糖的发酵有何不同？

实验 4　体积溶氧系数*KLa* 的测定

1. 实验目的

（1）了解 Na_2SO_3 法测定 *KLa* 的原理并用该法测定摇瓶的 *KLa*。

（2）了解摇瓶的转速（振幅、频率）对体积溶氧系数 *KLa* 的影响。

2. 实验原理

由双膜理论导出的体积溶氧传递方程：

$$N_V = KLa(C^* - C_L) \tag{1}$$

是在研究通气液体中传氧速率的基本方程之一，该方程指出：就氧的物理传递过程而言，溶氧系数 *KLa* 的数值，一般是起着决定性作用的因素。所以，求出 *KLa* 作为某种反应器或某一反应条件下传氧性能的标度，对于衡量反应器的性能，控制发酵过程，有着重要的意义。

在有 Cu^{2+}存在下，O_2 与 SO_3^{2-} 快速反应生成 SO_4^{2-}：

$$2Na_2SO_3 + O_2 \xlongequal{Cu^{2+}} 2Na_2SO_4 \tag{2}$$

并且在 20~45 ℃下，相当宽的 SO_3^{2-} 浓度范围（0.035~0.9 mol/L）内，O_2 与 SO_3^{2-} 的反应速度和 SO_3^{2-} 浓度无关。利用这一反应特性，可以从单位时间内被氧化的 SO_3^{2-} 量求出传递速率。

当反应（2）达到稳态时，用过量的 I_2 与剩余的 Na_2SO_3 反应：

$$Na_2SO_3 + I_2 + H_2O = Na_2SO_4 + 2HI \tag{3}$$

然后再用标定的 $Na_2S_2O_3$ 滴定剩余的碘：

$$2Na_2S_2O_3 + I_2 = Na_2S_4O_6 + 2NaI \tag{4}$$

由反应方程（2）（3）（4）可知，每消耗 4 mol 的 $Na_2S_2O_3$ 相当于吸收 1 mol 的 O_2，故可由 $Na_2S_2O_3$ 的消耗量求出单位时间内氧吸收量：

$$N_V = \frac{\Delta V \times N}{m \times \Delta t \times 4 \times 1\,000} \qquad [\text{mol/(mL} \cdot \text{min)}]$$

在实验条件下，$p = 1$ atm，$C^* = 0.21$ mmol/L，$C_L = 0$ mmol/L

据方程（1）有：$KLa = N_V / C^*$　　（1/min）

其中：

N_V：体积溶氧传递速率[mol/（mL · min）]

KLa：体积溶氧系数（1/min）

C^*：气相主体中含氧量（mmol/L）

C_L：液相主体中含氧量（mmol/L）

Δt：取样间隔时间（min）

ΔV：Δt 内消耗的 $Na_2S_2O_3$ 体积（mL）

m：取样量（mL）

N：$Na_2S_2O_3$ 标准液的浓度（mol/L）

3. 仪器与材料

（1）仪器：三角瓶、移液管、碱式滴定管、摇床。

（2）材料：可溶性淀粉、碘化钾、碘、亚硫酸钠、硫代硫酸钠、硫酸铜。

4. 实验步骤

（1）将 100 mL 0.8 mol/L 的 Na_2SO_3 溶液装入 500 mL 的三角瓶中，滴入数滴硫酸铜溶液，取样 $m_1 = 2$ mL。

（2）将上述三角瓶在摇床持续摇瓶 120 min 后，再取样 $m_2 = 2$ mL 移入另外一只装有 8 mL 0.2 mol/L 碘液的 250 mL 三角瓶中。

（3）用 0.025 mol/L 硫代硫酸钠标准液滴定，待样品液颜色由深蓝色变成浅蓝色时，加入 1%淀粉指示剂，继续滴定至蓝色褪去。

5. 注意事项

（1）当从样品液移取 2 mL 进入碘液时，应注意将移液管的下端置于离开碘液液面不超过 1 cm 的位置，以防止溶液进一步氧化。

（2）硫代硫酸钠标准液配制时，应称量精准，同时应储存于棕色瓶中。

6. 思考题

影响 KLa 的因素有哪些？

实验5　土壤中微生物的分离纯化与鉴定

1. 实验目的

（1）掌握平板稀释涂布法分离微生物纯种的原理及基本操作技术。

（2）了解土壤中四大类微生物的培养条件和基本菌落形态。

（3）学会利用16S rRNA基因序列和ITS序列进行细菌和真菌的鉴定。

2. 实验原理

土壤中微生物种类丰富，主要分为细菌、放线菌、酵母菌和霉菌四大类。从混杂的微生物群体中获得只含有某一种或者某一株微生物的过程称为微生物的分离纯化。平板稀释涂布法是最常用的微生物分离纯化方法。其原理为：将土壤制成土壤菌悬液并进行梯度稀释，然后将稀释的菌悬液置于无菌平板固体培养基表面，用玻璃涂布棒将菌悬液涂布均匀，置于适宜的条件下培养，待分离的微生物在平板培养基表面形成多个独立分布的单菌落，将单个菌落视为由原始菌液中单个细胞繁殖而成的集合体。因此挑取单个菌落进行培养即可获得初步分离的微生物纯种。但是平板上的单个菌落不一定是纯种，需要进一步观察菌落形态并结合分子生物学的方法进行检测和鉴定。

由于核糖体基因受到外界环境因素的影响较少，其序列进化速度较快，具有种内变异小而种间变异大的特点，因此被广泛用于物种鉴定。目前，16S rRNA测序分析主要用于原核微生物的分类鉴定，ITS测序分析主要用于真核微生物的分类鉴定。在实验过程中需要利用PCR法扩增16S rRNA和ITS rRNA，然后进行测序分析，根据测序结果与数据库中的序列进行比对，以确定微生物的种属。

3. 仪器与材料

1）仪器

细菌培养箱和霉菌培养箱，无菌培养皿，量筒，锥形瓶，接种环，50 mL离心管，1.5 mL无菌离心管，无菌PCR管，无菌牙签，1 mL、200 μL、10 μL和2 μL移液枪和配套无菌枪头，玻璃涂布棒，酒精灯，涡旋振荡器，PCR仪，凝胶电泳仪，小型台式离心机，水浴锅，微波炉，天平，冰盒，凝胶成像系统。

2）材料

（1）土壤样品：从校园采集的土壤样品。

（2）培养基及其配方如下：

① 牛肉膏蛋白胨琼脂培养基：牛肉膏3 g，蛋白胨10 g，NaCl 5 g，琼脂15 g，水1 000 mL，调节pH范围为7.2~7.6。

② 高氏一号琼脂培养基：可溶性淀粉20 g，NaCl 0.5 g，KNO_3 1 g，$K_2HPO_4 \cdot 3H_2O$ 0.5 g，$MgSO_4 \cdot 7H_2O$ 0.5 g，$FeSO_4 \cdot 7H_2O$ 0.1 g，琼脂15 g，水1 000 mL，调节pH范围为7.4~7.6。

③ 马铃薯葡萄糖琼脂培养基：取 300 g 新鲜的土豆，洗净去皮后切成小块，加 1 L 蒸馏水煮沸 30 min，过滤，加入琼脂 15 g，葡萄糖 20 g，补足体积至 1 000 mL。

④ 马丁琼脂培养基：葡萄糖 10 g，蛋白胨 5 g，$K_3PO_4 \cdot 3H_2O$ 1 g，$MgSO_4 \cdot 7H_2O$ 0.5 g，孟加拉红（1 mg/mL）3.3 mL，琼脂 15 g，水 1 000 mL。

（3）培养基相关试剂：无菌水，100 g/L 酚。

（4）PCR 相关试剂：引物，2×Taq MasterMix（Dye plus）（Vazyme），裂解缓冲液（lysis buffer for microorganism to direct PCR）。

引物如下：

16S rRNA 通用引物：F－5′AGA GTT TGA T（C/T）（A/C）TGG CTC AG3′

R－5′TAC CTT GTT A（C/T）G ACT T3′

ITS 通用引物：F　5′TCC GTA GGT GAA CCT GCGC3′

R－5′TCC TCC GCT TAT TGA TAT GC3′

（5）电泳相关试剂：琼脂糖，TAE 液，DNA 染料（4S Green Plus 无毒核酸染料，生工），DNA marker。

4. 实验步骤

1）土壤中微生物的分离纯化

（1）培养基的配制和倒平板：按照培养基的配方分别配制牛肉膏蛋白胨琼脂培养基、高氏一号琼脂培养基、马铃薯葡萄糖琼脂培养基和马丁琼脂培养基，置于三角瓶中，加热将其融化后，高压蒸汽灭菌。灭菌结束后，待培养基的温度冷却至 50～60 ℃时，进行倒平板。其中高氏一号琼脂培养基在倒平板之前，需添加数滴 100 g/L 酚，以抑制细菌和霉菌的生长。

倒平板：右手持三角瓶，左手持无菌培养皿，并将皿盖在酒精灯火焰旁边打开一个缝隙，将培养基（约 15 mL）迅速倒入培养皿中，置于桌面上，待其冷却凝固后备用。

（2）土壤稀释液的制备：称取 1 g 土壤样品置于带有玻璃珠的 50 mL 离心管中，加入 9 mL 无菌水，在涡旋振荡器上充分振荡混匀，使土壤中微生物细胞充分分散开。用移液枪准确吸取 1 mL 土壤悬液置于 50 mL 离心管中，加入 9 mL 无菌水，充分振荡混匀，即为 10^{-1} 稀释液；取 1 mL 10^{-1} 土壤稀释液，加入 9 mL 无菌水，充分振荡混匀，即为 10^{-2} 稀释液，以此类推，分别配制 10^{-3}、10^{-4}、10^{-5}、10^{-6}、10^{-7} 土壤稀释液。

（3）平板涂布：

① 细菌的分离：取 4 块牛肉膏蛋白胨琼脂平板，在皿底标记稀释梯度字样，每两块分别标记 10^{-6}、10^{-7}，分别取 0.1 mL 10^{-6}、10^{-7} 土壤稀释液置于标记对应稀释梯度的平板中央，用无菌的玻璃涂布棒轻轻地涂布均匀，室温下静置 5～10 min，将平板倒置于 37 ℃细菌培养箱中，培养 1～2 d，观察结果。

② 霉菌的分离：取 4 块马丁琼脂平板，在皿底标记稀释梯度字样，每两块分别标记 10^{-2}、10^{-3}，分别取 0.1 mL 10^{-2}、10^{-3} 土壤稀释液置于标记对应稀释梯度的平板中央，用无菌的玻璃涂布棒轻轻地涂布均匀，室温下静置 5～10 min，将平板倒置于 30 ℃霉菌培养箱中，培养 3～5 d，观察结果。

③ 酵母菌和放线菌的分离：取 4 块马铃薯葡萄糖琼脂平板和 4 块高氏一号琼脂平板，在皿底标记稀释梯度字样，每两块分别标记 10^{-4}、10^{-5}，分别取 0.1 mL 10^{-4}、10^{-5} 土壤稀释液置于

标记对应稀释梯度的平板中央,用无菌的玻璃涂布棒轻轻地涂布均匀,室温下静置 5~10 min,将平板倒置于 30 ℃霉菌培养箱中,培养 3~5 d,观察结果。

④ 挑单菌落:以无菌操作的方式,利用接种环将平板上长出的单菌落分别转接至对应的琼脂平板上,分别倒置于 37 ℃和 30 ℃进行培养。待长出菌苔后,观察其特征与单菌落是否一致,并进行镜检以判断单菌落是否为单一的微生物细胞。若有杂菌,需进一步分离纯化,直到获得纯培养。

2)土壤中微生物的分子生物学鉴定

(1)细菌基因组 DNA 的制备:用无菌的牙签挑取少许菌苔,置于含有 20 μL 无菌水的 1.5 mL 离心管中,100 ℃加热 10 min,冷却离心,上清液中含有细菌基因组 DNA。

(2)酵母菌、放线菌和霉菌基因组 DNA 的制备:利用 Lysis buffer for microorganism to direct PCR(Takara)制备,具体方法为:用无菌牙签挑取少量的菌苔置于 50 μL Lysis buffer for microorganism to direct PCR 中,80 ℃加热 15 min 后,离心,上清液中含有基因组 DNA。

(3)PCR 扩增:分别以上清液中的 DNA 为模板,进行 PCR 扩增 16S rRNA 和 ITS 序列,具体的 PCR 反应体系如下:

2×Taq MasterMix	25 μL
PrimerF (10 μM)	2 μL
PrimerR (10 μM)	2 μL
Template DNA*	3~5 μL
ddH_2O	To 50 μL

PCR 程序:

95 ℃	3 min	
95 ℃	15 s	30~32 cycles
56(细菌和放线菌)/58 ℃(酵母菌和霉菌)	15 s	
72 ℃	1 min	
72 ℃	5 min	

(4)PCR 产物的琼脂糖凝胶电泳检测:制备 1%琼脂糖凝胶,待冷却凝固后备用;分别取 5 μL PCR 样品上样于琼脂糖凝胶样孔内。打开电泳仪,恒压 120 V 维持 15~20 min,利用凝胶成像系统观察 DNA 条带。

(5)送公司测序:利用 PCR 产物纯化试剂盒将 PCR 产物纯化后送公司测序。

(6)测序结果的分析

细菌的鉴定:打开 EzBioCloud(www.ezbiocloud.net)网站,在 identity 网页提交完整序列(FASTA 序列形式),在 result 下查看与已知的菌株的相似度结果,根据最接近的几个序列信息,初步确定细菌的分类。

真菌的鉴定:打开 fungalbarcoding(www.Fungalbarcoding.org),进入 Identifition,选择 Pairwise sequence aligment,打开 FASTA 形式的序列文件,进行比对。根据结果中最接近的序列信息,可以确定真菌的分类。

3)实验结果

(1)记录并描述分离得到的四类微生物的菌落或菌苔图。

(2)记录 PCR 产物的琼脂糖凝胶图像。

5. 注意事项

稀释滴液时，一定要将原菌悬浮充分振荡，使微生物细胞分散成单个细胞。

6. 思考题

（1）说明细菌、放线菌、酵母菌和霉菌菌落形态特征。

（2）为什么要用通用引物去扩增不同微生物的 16S rRNA 和 ITS 序列？

实验 6　平板计数法测定微生物活细胞数量

1. 实验目的

（1）了解平板计数法的原理和方法。

（2）熟练掌握平板计数法的实验操作步骤。

2. 实验原理

平板计数法是一种用于测定微生物活细胞数目的常用方法。其原理和操作要点为：将待测样品进行适当的梯度稀释使得微生物细胞充分分散成单个细胞，然后选取几个稀释度的菌悬液涂布在琼脂平板上，或者与琼脂培养基混合倒平板，然后置于适宜的温度下培养，平板上将长出单菌落，我们将单菌落视为由原样品中单个微生物细胞生长繁殖而来。数出平板上的单菌落数，根据稀释倍数和取样量换算出样品中微生物细胞的密度，以菌落形成单位(CFU/mL)来表示。

3. 仪器与材料

（1）仪器：1 000 μL、200 μL 移液枪和配套的无菌枪头，50 mL 离心管，试管架，玻璃涂布棒，细菌培养箱。

（2）材料：

① 菌种：大肠杆菌菌悬液。

② 培养基：牛肉膏蛋白胨琼脂培养基。配方：牛肉膏 3 g，蛋白胨 10 g，NaCl 5 g，琼脂 15 g，水 1 000 mL，调节 pH 范围为 7.2~7.6。

4. 实验步骤

1）大肠杆菌菌悬液的梯度稀释

将大肠杆菌菌悬液置于涡旋振荡器上充分振荡混匀，以无菌操作的方式，用移液枪吸取 0.5 mL 菌液，加入 4.5 mL 无菌水，充分混匀，即为 10^{-1} 稀释液。从 10^{-1} 稀释液中吸取 0.5 mL 菌液置于含有 4.5 mL 无菌水的离心管中，充分振荡混匀，即为 10^{-2} 稀释液，以此类推，分别配制 10^{-3}、10^{-4}、10^{-5}、10^{-6}、10^{-7} 稀释液。

2）取样和涂布

取 9 块含有牛肉膏蛋白胨琼脂培养基的平板，每三块分别标记 10^{-5}、10^{-6}、10^{-7}。分别吸取 0.1 mL 10^{-5}、10^{-6}、10^{-7} 的稀释菌悬液，置于标记对应稀释度的平板中央，用无菌的玻璃涂布棒将菌液轻轻地涂布均匀，室温静置 5~10 min。

3）培养

将平板倒置于 37 ℃ 细菌培养箱中培养 24 h。

4）计数

取出平板，数出同一稀释度 3 个平板上的菌落数，再按照以下公式计算每毫升菌悬液中的菌落形成单位：

CFU = 同一稀释度 3 个平板上的平均菌落数 × 稀释倍数 × 10

5）实验结果

稀释梯度	10^{-5}			10^{-6}			10^{-7}		
平板编号	1	2	3	1	2	3	1	2	3
菌落数									
CFU/mL									

5. 注意事项

涂布平板时，一定要将菌悬浮物均匀涂布在平板上。

6. 思考题

（1）如何确保平板计数法的准确性？

（2）分析平板中长出菌苔的原因。

实验 7　微生物革兰氏染色实验

1. 实验目的

了解革兰氏染色原理,掌握革兰氏染色法。

2. 实验原理

革兰氏染色是1884年丹麦病理学家 Christain Gram 创立的,是细菌学中最重要的鉴别染色法。染色步骤分为以下四个部分。

(1) 初染:加入碱性染料结晶紫固定细菌涂片。

(2) 媒染:加入碘液,碘与结晶紫形成一种不溶于水的复合物。

(3) 脱色:利用有机溶剂乙醇或丙酮进行脱色。

(4) 复染:配成番红染液作为复染剂。

细菌细胞壁的组成成分如表7.1所示。

表 7.1　细菌细胞壁的组成成分

成　分	占细胞壁干重的百分比/%	
	革兰氏阳性细菌	革兰氏阴性细菌
肽聚糖	含量很高(50~90)	含量很低(~10)
磷壁酸	含量较高(<50)	无
类脂质	一般无(<2)	含量较高(~20)
蛋白质	无	含量较高

G+和G-细胞壁的比较如下。

(1) 阳性(G+)菌细胞壁特点:细胞壁厚,只有一层,主要由肽聚糖构成,肽聚糖含量高,结构紧密,脂类含量低。当乙醇脱色时,细胞壁肽聚糖层孔径变小,通透性降低,结晶紫和碘的复合物被保留在细胞壁内,复染后仍显紫色(如芽孢杆菌)。

(2) 阴性(G-)菌细胞壁特点:细胞壁薄,由内壁层和外壁层两层构成,细胞壁中脂类物质含量较高,肽聚糖含量较低,网状结构交联程度低,乙醇脱色时溶解了脂类物质,通透性增强,结晶紫与碘的复合物易被乙醇抽提出来,因此,革兰氏阴性菌细胞被脱色,当复染时,脱掉紫色的细胞的细胞壁又染上红色(如大肠杆菌)。

3. 仪器与材料

(1) 仪器:酒精灯、载玻片、显微镜、接种环、试管架、滤纸、滴管。

(2) 材料：大肠杆菌、枯草芽孢杆菌、金黄色葡萄球菌、草酸铵结晶紫染液、碘液、95%乙醇、番红复染液、香柏油、蒸馏水。

4. 实验步骤

(1) 取一个载玻片，将其洗净并沿一个方向擦拭干净，直至液体不再其上收缩为止；将接种环整平，用灼烧过的接种环在混匀的菌种中取菌，按常规方法涂片，应涂大，不宜过厚。

(2) 打开酒精灯，用火焰固定。

(3) 滴加 1 滴草酸铵结晶紫染液覆盖涂菌部位（轻晃使其完全覆盖），染色 40 s，染色完成后倾去染液，水洗至流出水为无色。

(4) 将载玻片上残留水用滤纸吸去，待其干燥，在涂菌部位滴加碘液，覆盖 1 min。媒染完成后，倾去碘液，水洗至流出水为无色。

(5) 将载玻片上残留水用滤纸吸去，待其干燥，滴管滴加 95%乙醇脱色，30～40 s 后立即用水洗去乙醇。

(6) 将载玻片上残留水用滤纸吸去，待其干燥，滴加番红复染液，染色 3～5 min，染色完成后，水洗至流出水为无色。

(7) 吸去残留水并晾干，用显微镜观察并绘图。

用以上步骤完成：大肠杆菌和枯草芽孢杆菌的混合图片染色、大肠杆菌单独菌种染色、金黄色葡萄球菌单独菌种染色。

5. 注意事项

(1) 选用活跃生长期菌种染色，老龄的革兰氏阳性细菌会被染成红色而造成假阴性。

(2) 涂片不宜过厚，以免脱色不完全造成假阳性。

(3) 脱色是革兰氏染色是否成功的关键，脱色不够造成假阳性，脱色过度造成假阴性。

6. 思考题

(1) 写出常见的革兰氏阳性菌与阴性菌，包括致病菌。

(2) 革兰氏染色的原理是什么？影响因素有哪些？

实验 8　纤维素酶在毕赤酵母中的诱导表达

1. 实验目的

（1）掌握外源基因在毕赤酵母中表达的原理和操作步骤。

（2）学会毕赤酵母转化的方法。

2. 实验原理

酵母表达系统是一种常用的真核蛋白表达系统。酵母作为真核表达宿主菌具有以下优点：首先酵母是一种单细胞真核微生物，生长繁殖速度较快，培养条件简单，可用于大规模生产；其次，利用酵母表达外源基因，可对外源基因进行翻译后修饰，使得外源蛋白具有一定的折叠加工和糖基化修饰，比原核表达系统表达的蛋白更加稳定。

常用的酵母表达系统有酿酒酵母表达系统、甲醇营养型酵母表达系统、裂殖酵母表达系统等，其中毕赤酵母表达系统是甲醇营养型表达系统中最常用的一种真核表达系统。本实验以毕赤酵母 GS115 菌株为宿主菌，将里氏木霉的纤维素酶基因（*Cel7a*）在毕赤酵母中进行异源表达。表达的原理和实验操作要点如下：首先提取里氏木霉的总 RNA，逆转录为 cDNA，以 cDNA 为模版，设计引物，通过 PCR 法扩增 *Cel7a*，切胶回收基因片段。本实验选用胞外分泌型载体 pPICZαA，在载体的 MCS 区域选择合适的酶切位点，通过同源重组的方式将 *Cel7a* 基因连接到 pPICZαA 载体中 5′AOX1 启动子的下游，转入 DH5α 以获得大量的重组载体；将含有 *Cel7a* 的重组载体通过电转化的方式转入 GS115 宿主菌中，筛选阳性转化子（即目的基因插入 GS115 基因组的 AOX1 位点）进行诱导型表达；将重组菌株接种至以甲醇为唯一碳源的培养基中进行生长，由于甲醇可诱导乙醇酸氧化酶（AOX1）基因的表达，因此通过在培养基中添加甲醇以诱导 5′AOX1 启动子后的纤维素酶基因的表达，由于 pPICZαA 为胞外分泌型载体，因此表达的纤维素酶分泌在培养基中。

3. 仪器与材料

1）仪器

高压蒸汽灭菌锅、恒温培养箱、恒温摇床、超净工作台、电子天平、pH 计、台式离心机、PCR 仪、电泳仪、凝胶成像仪、水浴锅、涡旋振荡器、电转仪、移液枪、RNAase-free PCR 管、1.5 mL 离心管。

2）材料

（1）载体及菌株：GS115，pPICZαA，里氏木霉。

（2）培养基及其配方如下。

① MA 培养基：$Na_2HPO_4 \cdot 12H_2O$ 17.907 g，$(NH_4)_2SO_4$ 1.4 g，K_2HPO_4 2 g，Urea 0.3 g，Tween－80 0.5 mL，2 g/L 的 Peptone，1%甘油，水 1 000 mL，pH 5.0。使用前加入 $MgSO_4$ 母液、$CaCl_2$ 母液和微量元素溶液。

200×$MgSO_4$ 母液：$MgSO_4 \cdot 7H_2O$ 60 g,水 500 mL。

200×$CaCl_2$ 母液：无水 $CaCl_2$ 60 g,水 500 mL。

200×微量元素溶液：$MnSO_4 \cdot H_2O$ 0.16 g,$FeSO_4 \cdot 7H_2O$ 0.5 g,$CoCl_2 \cdot 2H_2O$ 0.2 g,$ZnSO_4 \cdot 7H_2O$ 0.14 g,水 100 mL,过滤除菌以备用。

② LB 培养基：酵母提取物 5 g,蛋白胨 10 g,氯化钠 10 g,水 1 000 mL,若配制固体培养基,需添加 15 g 琼脂。

③ 马铃薯葡萄糖培养基：取 300 g 新鲜的土豆,洗净去皮后切成小块,加 1 L 蒸馏水煮沸 30 min,过滤,加入琼脂 15 g,葡萄糖 20 g,补足体积至 1 000 mL。

④ LLB(+ZeocinTM)培养基：酵母提取物 5 g,蛋白胨 10 g,氯化钠 5 g,水 1 000 mL,若配制固体培养基,需添加 15 g 琼脂,pH 7.0,115 ℃灭菌 20 min 后,将培养基冷却至约 50 ℃,加入 Zeocin 至最终浓度为 100 μg/mL。

⑤ YPD 培养基：酵母提取物 10 g,蛋白胨 20 g,葡萄糖 20 g,水 1 000 mL,若配制固体培养基,需添加 15 g 琼脂。

⑥ YPD(+ZeocinTM)培养基：酵母提取物 10 g,蛋白胨 20 g,葡萄糖 20 g,水 1 000 mL,若配制固体培养基,需添加 15 g 琼脂。115 ℃灭菌 20 min 后,将培养基冷却至约 50 ℃,加入 Zeocin 至最终浓度为 100 μg/mL。将配制好的培养基放于 4 ℃冰箱避光保存。

⑦ BMGY,BMMY 培养基所需要试剂的配制方法如下：

500×B(100 mL)：称取 0.02 g 的生物素于 100 mL 去离子水中并用微孔滤膜过滤除菌以备用。

10×M(100 mL)：95 mL 去离子水中加入 5 mL 甲醇,并过滤除菌以备用。

10×GY(100 mL)：10 mL 甘油加入 90 mL 去离子水,高温高压灭菌后 4 ℃储存备用。

1 mol/L PBS(pH 6.0)：量取 132 mL 1 mol/L 的 K_2HPO_4 溶液与 868 mL 1 mol/L 的 KH_2PO_4 溶液混匀,高温高压灭菌后 4 ℃储存备用。

BMGY(100 mL)：酵母提取物 1 g,蛋白胨 2 g 于 70 mL 的去离子水中,115 ℃高压蒸汽灭菌 20 min。待冷却至室温后依次加入 10 mL 1 mol/L PBS(pH 6.0),10 mL 10×YNB,10 mL 10×GY 和 0.2 mL 500×B。

BMMY 培养基(100 mL)：酵母提取物 1 g,蛋白胨 2 g 于 70 mL 的去离子水中,115 ℃高压蒸汽灭菌 20 min。待冷却至室温后依次加入 10 mL 1 mol/L PBS(pH 6.0),10 mL 10×YNB,10 mL 10×M 和 0.2 mL 500×B,博来霉素,限制性内切酶 EcoR I 和 Not I,RNA 逆转录试剂盒,Trizol,氯仿,异丙醇,70%乙醇,DEPC 水。

4. 实验步骤

1) *Cel7a* 基因表达载体的构建

(1) 里氏木霉总 RNA 的提取和逆转录。

① 将里氏木霉接种至马铃薯葡萄糖琼脂培养基,培养 5~7 d,以无菌操作的方式加入无菌水冲洗孢子,用 200 目尼龙膜过滤,得到孢子悬液。将孢子悬液接种至 MA 培养基中,30 ℃,200 r/min 培养 36 h,利用 G1 砂芯漏斗收集菌丝。

② 取适量的菌丝加入液氮充分研磨后,加入 500 μL Trizol 试剂,混匀后室温静置 5 min,加入 100 μL 氯仿,颠倒混匀后室温放置 2~3 min,12 000 r/min 离心 15 min,样品分为三层,取上

层水相至一个新的 1.5 mL 离心管内，加入等体积的异丙醇，上下颠倒混匀，室温静置 5～10 min，12 000 r/min 离心 10 min，弃上清液，加入 0.5 mL 预冷的 75%乙醇，洗涤沉淀，12 000 r/min 离心 5 min，弃上清液，打开盖子，使得乙醇挥发后，加入适量的 DEPC 水溶解 RNA。利用逆转录试剂盒逆转录 RNA 获得 cDNA。

（2）*Cel7a* 基因的扩增和切胶回收。

利用 signalP 分析 *Cel7a* 是否有信号肽序列，经分析，1～51 bp 为信号肽序列，需去除信号肽，设计引物如下：

F：AGAGAGGCTGAAGCTGAATTCCAGTCGGCCTGCACTCTCCAA

R：TGTTCTAGAAAAGCTGGCGGCCGCTTACAGGCACTGAGAGTAGTA

以 cDNA 为模版，利用 PCR 法扩增 *Cel7a* 的 mRNA。具体的 PCR 体系如下：

2×Taq MasterMix	25 μL
Primer F（10 μM）	2 μL
Primer R（10 μM）	2 μL
Template DNA*	3～5 μL
ddH_2O	To 50 μL

PCR 程序：

95 ℃	3 min	
95 ℃	15 s	30～32 cycles
60 ℃	15 s	
72 ℃	2 min	
72 ℃	5 min	

PCR 产物的琼脂糖凝胶电泳检测：制备 1%琼脂糖凝胶，待冷却凝固后备用；分别取 5 μL PCR 样品上样至琼脂糖凝胶样孔内。打开电泳仪，恒压 120 V 维持 15～20 min，利用凝胶成像系统观察 DNA 条带。利用试剂盒将 DNA 条带进行切胶回收。

（3）重组表达载体的构建。

① 载体 pPICZαA 的双酶切：选用 pPICZαA 载体 MCS 部位的 EcoR Ⅰ和 Not Ⅰ酶切位点，将 *Cel7a* 片段连接到两个酶切位点之间。酶切体如表 8.1 所示。

表 8.1　酶 切 体

反应体系	加入体积
10×H	4 μL
BSA	4 μL
EcoR Ⅰ	1 μL
Not Ⅰ	1 μL
pPICZαA	2 μg
ddH_2O	Up to 40 μL

37 ℃孵育 12 h 后，利用琼脂糖凝胶电泳检测酶切是否彻底，并将酶切产物切胶回收。

② 将 *Cel7a* 基因与双酶切 pPICZαA 通过同源重组的方式进行连接，并转入大肠杆菌 DH5α 感受态中，进行大量扩增。连接体系如表 8.2 所示。

表 8.2 连接体系

反应体系	加入体积
5×CE Entry Buffer	4 μL
双酶切 pPICZαA	72 ng
Cel7a	62 ng
Exnase Entry	2 μL
ddH_2O	Up to 20 μL

转化的具体步骤如下：将上述反应体系置于 37 ℃孵育 30 min，立即冷却，并将其加入到 100 μL *Ecoli* DH5α 感受态中，轻柔混匀，冰浴 30 min，42 ℃水浴热激 45 s，冰上放置 2 min，加入 900 μL 无抗 LB 培养基，37 ℃，200 r/min 孵育 60 min，取 100 μL 菌液均匀涂布至 Zeocin 抗性的 LLB 固体平板，37 ℃培养 12～16 h。

③ 阳性转化子的筛选和测序分析。

利用菌落 PCR 筛选阳性转化子，具体步骤为：从 Zeocin 抗性的 LLB 平板上随机挑取 10 个单菌落，通过划短线的方式将其转接到新鲜的 Zeocin 抗性的 LLB 平板，37 ℃培养 8～12 h。待长出菌苔后，用无菌牙签挑取少量菌体置于 20 μL 的 ddH_2O，100 ℃加热 10 min，8 000 r/min 离心 10 min，取上清为模板进行 PCR 扩增，体系如下：

2×Taq MasterMix	25 μL
Primer F (10 μM)	2 μL
Primer R (10 μM)	2 μL
Template DNA*	3～5 μL
ddH_2O	To 50 μL

PCR 程序：

95 ℃	3 min	
95 ℃	15 s	30～32 cycles
60 ℃	15 s	
72 ℃	2 min	
72 ℃	5 min	

将 PCR 产物进行琼脂糖凝胶电泳检测，若条带大小在 1 500 bp 左右，即为阳性转化子，待测序成功后，大量提取阳性转化子中的重组载体 pPICZαA－*Cel7a* 进行后续实验。

2）构建含有 *Cel7a* 基因的毕赤酵母表达菌株

（1）重组载体 pPICZαA－*Cel7a* 的单酶切线性化。

经分析，*Cel7a* mRNA 序列中不含 SacI 酶切位点，因此本实验选用 SacI 对其进行线性化，酶切体系如表 8.3 所示。

表 8.3　单酶切体系

反 应 体 系	加 入 体 积
10×L	4 μL
pPICZαA - *Cel7a*	5 μg
SacI	1 μL
dd H_2O	Up to 40 μL

37 ℃水浴 10~12 h,琼脂糖凝胶电泳检测酶切是否完全,并切胶回收。

(2) 毕赤酵母 GS115 感受态的制备。

① 从-80 ℃取出保藏的 GS115 菌株,挑菌划线至 YPD 平板上,30 ℃培养箱培养 2~3 d,待长出单菌落后,挑单菌落并转接至 10 mL YPD 液体培养基中,30 ℃,220 r/min,振荡培养 12~16 h。

② 取上述菌液 100 μL 接种至 100 mL YPD 液体培养基中,30 ℃,220 r/min 培养至菌液 OD 为 1.3~1.5。

③ 将菌液分装至两个 50 mL 离心管内,4 ℃,1 500×g 离心 5 min,弃上清液,用 25 mL 预冷的无菌水重悬菌体。

④ 重复步骤③两次。

⑤ 4 ℃,1 500×g 离心 5 min,弃上清液,用 25 mL 预冷的 1 mol/L 山梨醇重悬菌体。

⑥ 4 ℃,1 500×g 离心 5 min,弃上清液,用 1 mL 预冷的 1 mol/L 山梨醇重悬菌体。以每管 100 μL 将菌液分装至 1.5 mL 离心管中,置于-80 ℃以备用。

(3) 含有 *Cel7a* 基因的毕赤酵母表达菌株的构建。

① 本实验利用电转化的方法将线性化的重组质粒 pPICZαA - *Cel7a* 转入 GS115 感受态细胞中,具体步骤如下:取 5~10 μg 线性化的重组质粒 pPICZαA - *Cel7a* 加入 100 μL GS115 感受态细胞中,轻轻混匀;将混匀后的液体加入预冷的电转杯底部,冰上孵育 5 min,用吸水纸将电转杯表面的水吸干后,放入电转仪中进行电击;电击完成后立即向电转杯中加入 1 mL 预冷的 1 mol/L 山梨醇,轻轻混匀,然后将液体转移至 1.5 mL 无菌离心管中,将菌液置于 30 ℃中孵育 1 h,加入常温的 1 mol/L 山梨醇,混匀后取 1 mL 均匀涂布在 Zeocin 抗性的 YPDS 平板上吹干。然后置于 30 ℃培养箱中培养 3~5 d,待长出单克隆,通过菌落 PCR 进行阳性转化子的筛选。

② 菌落 PCR 筛选阳性转化子:通过电转化,可将线性化的重组载体同源重组至 GS115 菌株基因组的 AOX1 位点。因此可利用通用引物 AOX1 - F:GACTGGTTCCAATTGACAAGC;AOX1 - R:GGATGTCAGAATGCCATTTG 进行 PCR 扩增以筛选阳性克隆。具体步骤如下:将 Zeocin 抗性的 YPDS 平板上长出的单菌落通过划短线的方式转接至新鲜的 Zeocin 抗性的 YPDS 上,30 ℃培养 1~2 d,待长出明显的菌苔后,用无菌的牙签挑取少量的菌体置于 20 μL 的 Lysis buffer 中,85 ℃孵育 10 min,冰上冷却后,2 000 r/min 离心 30 s,取上清液为模板进行菌落 PCR 验证,PCR 体系如下:

2×Taq MasterMix	25 μL
Primer F（10 μM）	2 μL
Primer R（10 μM）	2 μL
Template DNA*	3~5 μL
ddH_2O	To 50 μL

PCR 程序：

95 ℃	3 min	
95 ℃	15 s	30~32 cycles
55 ℃	15 s	
72 ℃	2 min	
72 ℃	5 min	

将 PCR 产物进行琼脂糖凝胶电泳检测以筛选阳性转化子。

3）纤维素酶的诱导表达

（1）挑选正确的阳性转化子将其转接至含有 15 mL BMGY 培养基的 50 mL 离心管中，30 ℃，220 r/min 过夜培养至 OD 为 2~6。

（2）室温 1 000×g 离心 5 min，收集菌体，弃上清液，加入 15 mL BMMY 培养基将菌体重悬，将重悬后的菌体置于 85 mL BMMY 培养基中，30 ℃，220 r/min 振荡培养，每 24 h 向培养基中添加 0.5%甲醇以诱导 *Cel7a* 基因的表达。

4）实验结果

详细记录实验过程中的步骤和琼脂糖凝胶电泳图。

5. 注意事项

无。

6. 思考题

毕赤酵母 GS115 表达系统诱导外源基因表达的原理是什么？

实验9 人自介素18在大肠杆菌中的表达与纯化

9.1 碱裂解法小量提取质粒 DNA

1. 实验目的

掌握碱裂解法提取质粒 DNA 的原理和方法。

2. 实验原理

携带目的基因进入宿主细胞进行扩增和表达的工具称为载体,主要有大肠杆菌中的质粒、λ 噬菌体、M13 噬菌体、噬菌粒等。

质粒是染色体外小型双链环状 DNA,大小 1~200 kb,以超螺旋状态存在于宿主细胞中。质粒具有自主复制和转录能力,能在子代细胞中保持恒定的拷贝数,并表达所携带的遗传信息,可以使宿主具有一些额外的特性(如抗药性)。

碱裂解法提取质粒是根据共价闭合环状质粒 DNA 与线性染色体 DNA 在拓扑学上的差异来进行分离。在 pH 12.0~12.5 碱性条件下,染色体线性 DNA 双螺旋结构解开而发生变性,共价闭环质粒 DNA 的氢键也断裂,但两条互补链彼此相互缠绕,不会完全分离。当加入 pH 4.8 的乙酸钾高盐缓冲液调节 pH 至中性时,质粒 DNA 可迅速复性溶在溶液中,而线性染色体 DNA 无法复性而缠绕形成网状结构,通过离心,染色体 DNA 与不稳定的大分子 RNA、蛋白质- SDS 复合物等一起沉淀下来,而质粒 DNA 尚存在于上清液中,再利用异丙醇或乙醇沉淀质粒 DNA。

3. 仪器与材料

(1) 仪器:微量移液器、台式高速离心机、恒温培养箱、恒温摇床、涡旋振荡器、高压灭菌锅。

(2) 材料:LB 液体培养基含有质粒(pET-28b)的大肠杆菌、溶液Ⅰ(50 mmol/L 葡萄糖,10 mmol/L EDTA,25 mmol/L Tris-HCl pH 8.0)、溶液Ⅱ(0.2 mol/L NaOH,1% SDS)、溶液Ⅲ(5 mol/L KAc 60 mL,冰醋酸 11.5 mL,H_2O 28.5 mL)、无水乙醇、70%乙醇、TE (10 mmol/L Tris-HCl pH 8.0,1 mmol/L EDTA pH 8.0)、RNase A(10 mg/mL)、卡那霉素(50 mg/mL)。

4. 实验步骤

(1) 在 5 mL LB 液体培养基中加入 5 μL 卡那霉素(50 mg/mL),接入含 pET-28b 质粒的大肠杆菌单菌落,37 ℃振荡培养过夜。

(2) 吸取 1 mL 菌液加入离心管中,12 000 r/min 室温离心 1 min,弃培养液。

(3) 加入 100 μL 溶液Ⅰ,采用涡旋振荡器使沉淀重新悬浮,室温放置 10 min。

(4) 加入 200 μL 溶液Ⅱ(新鲜配制),盖紧管口,温和地颠倒数次混匀,时间不超过 5 min。

(5) 加入 150 μL 预冷的溶液Ⅲ,盖紧管口,颠倒数次混匀。冰上放置 10 min。

(6) 12 000 r/min,离心 10 min,将上清液转至另一干净离心管中。

(7) 加入 2 倍体积无水乙醇,混匀,室温放置 20 min。

(8) 12 000 r/min 离心 5 min,倒去上清液,把离心管倒扣在吸水纸上,吸干液体。

(9) 加入 1 mL 70%乙醇洗涤质粒 DNA 沉淀,12 000 r/min 离心 5 min,吸去上清液,真空抽干或空气中干燥。

(10) 加入 20 μL TE 或去离子水(含有 20 μg/mL 的 RNase A),使 DNA 完全溶解,-20 ℃保存。

5. 注意事项

(1) 加入溶液Ⅰ后,涡旋振荡要充分,保证细菌完全裂解。

(2) 加入溶液Ⅱ后,动作要轻柔,不可用力过猛,否则容易造成基因组 DNA 断裂,增加基因组 DNA 污染。

(3) 吸取上清要小心,不能吸到沉淀。

6. 思考题

溶液Ⅰ、Ⅱ、Ⅲ的成分和作用是什么?

9.2 琼脂糖凝胶电泳检测 DNA

1. 实验目的

了解琼脂糖凝胶电泳的基本原理,掌握琼脂糖凝胶电泳检测 DNA 的方法。

2. 实验原理

带电物质在电场中的趋向运动称为电泳。泳动率是带电颗粒在一定的电场强度下,单位时间内在介质中的迁移距离。影响泳动率的因素包括样品分子所带的电荷密度、电场中的电压及电流、样品的分子大小、介质黏度及电阻等。

琼脂糖凝胶电泳是检测 DNA 的常用方法。琼脂糖主要从海洋植物琼脂中提取,是一种聚合链线性分子,具有很高的聚合强度和很低的电内渗,是良好的电泳支持介质。

DNA 分子在琼脂糖凝胶中泳动时有电荷效应和分子筛效应。在碱性缓冲液中 DNA 分子带负电荷,在电场中向正极移动。由于糖-磷酸骨架在结构上的重复性质,相同数量的双链 DNA 几乎具有等量的净电荷,能以同样的速率向正极方向移动。在一定的电场强度下,DNA 分子的迁移速率取决于分子筛效应,即 DNA 分子本身的大小和构型。具有不同相对分子质量的 DNA 泳动速度不同,可进行分离。其迁移速度与相对分子质量的对数值成反比关系。

凝胶电泳不仅可以分离不同相对分子质量的 DNA,也可以分离相对分子质量相同,但构型不同的 DNA 分子。质粒存在三种构型:① 超螺旋的共价闭合环状质粒 DNA(CCC DNA);② 开环质粒 DNA(OC DNA);③ 线状质粒 DNA(L DNA)。电泳中,泳动最快的是 CCC DNA,其次为 L DNA,最慢的为 OC DNA。

3. 仪器与材料

（1）仪器：微波炉、电泳仪、电泳槽、琼脂糖凝胶成像系统、微量移液器等。

（2）材料：核酸染料绿如蓝（DNAGREEN）、TAE、琼脂糖、6×上样缓冲液（loading buffer）、DNA 分子量标准（DNA marker）。

4. 实验步骤

（1）称取 1 g 琼脂糖，放入锥形瓶中，加入 100 mL 1×TAE（Tris－乙酸 40 mmol/L，EDTA 1 mmol/L）电泳缓冲液，在微波炉中加热至琼脂糖充分溶解，即为 1%琼脂糖凝胶液。

（2）用隔热手套转移锥形瓶于室温下冷却。

（3）待琼脂糖凝胶液降温到 60 ℃左右时，加入 3 μL DNAGREEN 核酸染料，轻轻摇匀。

（4）在电泳槽载胶板上插好梳子，倒入凝胶溶液，除掉气泡。

（5）待胶凝固后，拔出梳子，将载胶板放入电泳槽内，加 1×TAE 电泳缓冲液至液面覆盖胶平面。

（6）用移液器吸取质粒样品 5 μL 与 1 μL 6×上样缓冲液，混匀后小心加入点样孔。

（7）加完样品后，合上电泳槽盖，接通电源，调节电压至 3～5 V/cm（本实验用电压 120 V），可见指示剂（溴酚蓝和二甲苯青）条带由负极向正极移动，当指示剂迁移至足够分离 DNA 片段的距离时，停止电泳。

（8）将凝胶置于凝胶成像系统中，拍照观察电泳结果。

5. 注意事项

（1）用于电泳的缓冲液和用于制胶的缓冲液要统一。

（2）琼脂糖在微波炉中加热要充分，保证其完全融化。

（3）待凝胶完全凝固后再进行电泳。

（4）根据 DNA 片段大小，配制不同浓度的琼脂糖凝胶。

6. 思考题

DNA 电泳中的 loading buffer 含有哪些组分？各组分的作用是什么？

9.3 聚合酶链式反应（PCR）扩增 DNA 片段

1. 实验目的

掌握 PCR 原理和 PCR 扩增 DNA 片段的方法。

2. 实验原理

聚合酶链式反应（polymerase chain reaction）简称 PCR，是一种体外扩增特异 DNA 片段的技术。利用 PCR 技术可在短时间内获得数百万个特异的 DNA 序列的拷贝。反应分为三步：

（1）变性：在高温条件下，DNA 双链解链形成单链 DNA。

（2）退火：降低温度，引物与其互补的模板配对结合。

(3) 延伸：温度升高到适宜的温度，在 dNTPs、Mg^{2+}、DNA 聚合酶和适当缓冲液中，聚合酶在引物 3′端根据模板碱基顺序，按 5′→3′方向合成互补链。

以上三步为一个循环，即高温变性、低温退火、中温延伸。每一循环产生的 DNA 可作为下一循环的模板，经过 25~30 个循环之后，介于两个引物之间的特异性 DNA 片段可扩增 10^6~10^9 倍。

典型的 PCR 反应体系包括：DNA 聚合酶、引物、dNTPs、反应 Buffer、离子、DNA 模板。

3. 仪器与材料

(1) 仪器：PCR 仪、掌式离心机、移液器、电泳仪、琼脂糖凝胶电泳系统。

(2) 材料：模板 DNA、0.2 mL 离心管、PCR Buffer、dNTP、DNA 聚合酶、引物、核酸染料(绿如蓝)、TAE、琼脂糖、6×上样缓冲液、标准 DNA marker。

4. 实验步骤

(1) 采用高保真 DNA 聚合酶(KOD)，在 0.2 mL 离心管内配制 50 μL 反应体。

10×Buffer for KOD－Plus	5 μL
2 mM dNTPs	5 μL
25 mM $MgSO_4$	2 μL
10 pmol/μL 引物 1	1.5 μL
10 pmol/μL 引物 2	1.5 μL
模板 DNA	1 μL
KOD－Plus(1.0 U/μL)	1 μL
ddH_2O	33 μL

(2) 按下述循环程序在 PCR 仪上进行扩增。

预变性：94 ℃ 2 min，1 个循环；

变性：94 ℃ 15 s，退火：55 ℃ 30 s，延伸：68 ℃ 40 s，30 个循环。

(3) PCR 后，取 5 μL PCR 扩增产物进行琼脂糖凝胶电泳，检测扩增效果。

5. 注意事项

(1) 所有使用的溶液没有核酸和核酸酶污染。

(2) PCR 试剂配制应使用去离子水，高压灭菌。

(3) 所有试剂或样品在准备过程中使用一次性灭菌离心管。

6. 思考题

PCR 实验结果有杂带(非特异性条带)出现，该如何改进？

9.4 DNA 的酶切

1. 实验目的

了解限制性内切酶的一般特性，掌握 DNA 酶切方法。

2. 实验原理

限制性内切酶，是一类能够识别双链 DNA 分子中特定的核苷酸序列，并对双链进行切割的酶。根据其结构和作用特点分为Ⅰ型、Ⅱ型、Ⅲ型三类。Ⅰ型和Ⅲ型限制性内切酶是兼有内切酶和甲基化酶活性的多亚基蛋白复合物。Ⅱ型酶的内切酶活性和甲基化作用是分开的，而且核酸内切作用又具有序列特异性，所以在基因克隆中有特别广泛的用途。绝大多数Ⅱ型限制性内切酶识别长度为4、5、6或7个核苷酸且呈二重对称的特异序列，一些酶在对称轴处同时切割 DNA 的两条链，产生无突出的平末端，另一些酶交错切开 DNA 的两条链，产生单链突出的黏性末端。

限制性内切酶的活性以酶的活性单位表示。1个酶单位(1 U)是指1 μg 纯 DNA 在指定缓冲液中，最适反应条件(比如37 ℃)下酶解60 min 完全酶切时所需的酶量。

3. 仪器与材料

(1) 仪器：掌式离心机、微量移液器、恒温水浴锅、电泳仪、电泳槽、微波炉、琼脂糖凝胶成像系统。

(2) 材料：质粒(pET－28b)、PCR 纯化产物、限制性内切酶(*Nco* Ⅰ)及其缓冲液(10× QuickCut Green Buffer)、限制性内切酶(*Xho* Ⅰ)及其缓冲液(10× QuickCut Green Buffer)、离心管、核酸染料(绿如蓝)、TAE、琼脂糖、6×上样缓冲液、标准 DNA marker。

4. 实验步骤

(1) 在20 μL 反应体系中加入下列组分：

管号1	
质粒	3 μL
Nco Ⅰ	1 μL
Xho Ⅰ	1 μL
10X QuickCut Green Buffer	2 μL
ddH_2O	13 μL

管号2	
PCR 纯化产物	5 μL
Nco Ⅰ	1 μL
Xho Ⅰ	1 μL
10× QuickCut Green Buffer	2 μL
ddH_2O	11 μL

(2) 用掌式离心机混匀，使溶液集中在管底。

(3) 37 ℃酶切15 min。

(4) 琼脂糖凝胶电泳检测结果。

5. 注意事项

(1) DNA 样品与限制性内切酶的用量都极少,必须严格注意吸样量的正确性。

(2) 限制性内切酶较昂贵,极易失活,注意保存其活力。酶的操作必须严格在冰浴条件下进行,用完后立即放回箱温-20 ℃冰箱。

(3) 酶切所用 DNA 的量可根据其浓度适量增减。

(4) 构建载体需要做大量酶切反应体系,可将上述反应体系放大至 50~200 μL。

6. 思考题

如果一个 DNA 酶解液在电泳后发现 DNA 未被切动,可能是什么原因?

9.5 DNA 重组

1. 实验目的

了解 DNA 重组原理,掌握 DNA 连接、转化和鉴定重组子的方法。

2. 实验原理

DNA 重组是在 DNA 连接酶的作用下,在有 Mg^{2+}、ATP 存在的连接缓冲系统中,将载体分子与外源 DNA 连接。重新组合的 DNA 为重组体或重组子。

重组子进入受体细胞才能增殖与表达。把重组质粒 DNA 转入受体细胞(菌)的过程称为转化。受体菌需要处于感受态,以利于外源 DNA 的摄取。细胞可经过某些特殊方法(如 $CaCl_2$、电击法)处理,使细胞膜的通透性发生暂时性变化,允许外源 DNA 分子进入细胞。

重组质粒转化宿主细胞后,还需对转化菌落进行筛选鉴定。可利用 PCR、酶切等方法鉴定载体是否带有外源 DNA 片段,采用序列分析做最后的鉴定。

3. 仪器与材料

(1) 仪器:培养箱、恒温摇床、恒温水浴锅、离心机、微量移液器、微波炉、电泳仪、琼脂糖凝胶成像系统。

(2) 材料:DNA Ligation Kit、LB 固体培养基、卡那霉素、大肠杆菌感受态细胞、离心管、培养皿、目的基因、质粒(pET-28b)、核酸染料(绿如蓝)、TAE、琼脂糖、6×上样缓冲液、标准 DNA marker。

4. 实验步骤

1) 连接

(1) 采用 DNA Ligation Kit Ver. 2. 1(TaKaRa)进行连接反应,体系如下所示($x + y + z = 5$)。在 10 μL 反应体系中,包括:

目的基因片段	x μL
载体片段	y μL
Ligation Solution I	5 μL
ddH_2O	z μL

载体 DNA 和插入 DNA 的摩尔数比一般为：0.03 pmol：0.03~0.3 pmol。

（2）16 ℃反应 30 min。

2）转化

（1）取 10 μL 连接产物加入 100 μL 感受态细胞中，轻轻混匀，冰浴 30 min。

（2）42 ℃（水浴中）热激 45 s，迅速冰浴 1~2 min。

（3）在上述离心管中加入 500 μL LB 培养基，于 37 ℃振荡培养 60 min。

（4）制 LB 平板：将 LB 固体培养基融化，冷却到 50~60 ℃时，在 100 mL 培养基中加入卡那霉素（50 mg/mL）100 μL，使终浓度为 50 μg/mL。混匀后倒入 9 cm 圆平皿中。

（5）将菌液涂布于含卡那霉素的 LB 平板上。室温涂布均匀后（至菌液完全被吸干）37 ℃倒置，过夜培养 12~16 h。

（6）观察菌落，筛选阳性克隆。

3）鉴定重组子

（1）挑选单克隆，放入含有卡那霉素（50 μg/mL）的 LB 液体培养基中，摇菌培养 12~16 h。

（2）提取挑选的单克隆菌中的质粒，参考本章第 1 个实验。

（3）双酶切鉴定载体中是否有外源目的基因，参考本章第 4 个实验。利用琼脂糖凝胶电泳检测酶切结果，如果连接正确，会出现载体和 DNA 片段两个条带。

（4）将酶切鉴定正确的克隆送测序，以进一步确定结果。

5. 注意事项

（1）如果连接效果不佳，可以适当延长反应时间。

（2）将连接产物加到感受态细胞后，混匀动作要轻柔。

（3）保证无菌操作，防止污染。

（4）抽提质粒所挑选的菌落必须是单菌落。

6. 思考题

如何判断目的基因片段和载体连接成功？

9.6 人白介素 18 蛋白的诱导表达和纯化

1. 实验目的

（1）掌握对菌株进行诱导表达的原理和方法。

（2）熟悉镍柱亲和层析法纯化重组蛋白的原理和方法。

（3）了解镍柱亲和层析法在生物制药中的应用。

2. 实验原理

1）外源基因的诱导表达

最早建立并得到广泛应用的表达系统是以大肠杆菌 Lac 操纵子调控机理为基础设计、构建的表达系统，称为 Lac 表达系统。Lac 操纵子是研究最为详尽的大肠杆菌基因操纵子。在无诱导物情形下，*Lac* I 基因产物形成四聚体阻遏蛋白，与启动下游的操纵基因紧密结合，阻止转录的起始。异丙基-β-D-硫代半乳糖苷（IPTG）等乳糖类似物是 Lac 操纵子的诱导物，诱导物可与阻遏蛋白结合，使阻遏蛋白构象发生变化，导致与操纵基因的结合能力降低而解离出来，Lac 操纵子的转录因此被激活。由于 Lac 操纵子具有这种可诱导调控基因转录的性质，因此其元件和它们的一些突变体经常被用于表达载体的构建。本实验的原核表达载体中带有 *Lac* 基因，可用 IPTG 进行诱导表达。

2）镍柱纯化目的蛋白

蛋白质表面常常存在一些氨基酸残基，这些组分可以和金属离子通过配价键结合、共价键结合等反应形成复合物从而实现分离；可以产生此类作用的金属离子包括 Zn^{2+}、Co^{2+}、Cu^{2+}、Ni^{2+} 等，同时还需考虑各金属离子抵抗还原剂的能力，镍离子因其良好的稳定性、特异性经常被选择作为层析柱填料的金属材料。高亲和 Ni-NTA 纯化介质是通过螯合剂氮川三乙酸（NTA）共价偶联到琼脂糖介质上，然后再螯合 Ni^{2+} 制备而成。NTA 能够通过四个位点牢固地螯合 Ni^{2+} 从而减少纯化过程中 Ni^{2+} 泄漏到蛋白样品中。Ni-NTA 纯化介质可以纯化任何表达系统（原核、酵母、昆虫细胞和哺乳动物细胞等表达系统）表达的天然或变性的 His-标签蛋白。目的基因在合成的过程中添加了由 6 个碱性氨基酸组氨酸构成的 6×His 标签，His 标签只有不超过 1 kD 的大小，不会破坏蛋白构象、蛋白可溶性，能保证蛋白的生物活性，所以经常被选择作为标签连接到目的蛋白，使经过诱导后的蛋白纯化变得容易。利用亲和层析柱中的 Ni^{2+} 与 His 标签中的组氨酸上的咪唑环特异性结合，可将目的蛋白挂到层析柱上，之后利用含有不同浓度咪唑的洗脱液梯度洗脱，即可将目的蛋白洗脱下来。由于该诱导表达的重组人白介素 18 蛋白具有组氨酸标签的性质，因此可采用镍柱亲和层析法进行纯化，获得纯化的重组蛋白。

3. 仪器与材料

（1）仪器：移液器、高压灭菌锅、涡旋混合器、恒温摇床、恒温培养箱、分光光度计、超净工作台、台式高速冷冻离心机、垂直电泳设备、制冰机。

（2）材料：表达菌株（含重组质粒的大肠埃希菌 *E. coli BL*21）、5 mL 重力柱、无菌微量移液器枪头、0.45 μm 滤膜及滤器、锥形瓶、无菌离心管、无菌注射器、微量离心管架、卡那霉素、蛋白胨、酵母粉、NaCl、NaOH、预制胶、prestained protein maker、考马斯亮蓝 G250、loading buffer、Tris-Glycine-SDS Buffer 预混粉末（1×）、Ni NTA Beads、异丙基硫代-β-D-半乳糖（IPTG）、咪唑、氯化钠、脲（尿素）、LB 液体培养基（无抗性）、LB 液体培养基（Kan^{+}）、结合缓冲液（NaCl 23.3 g，Tris 碱 1.94 g，咪唑 0.068 g，加入蒸馏水溶解至 100 mL 终体积，调节 pH 至 7.5）、洗脱缓冲液（NaCl 23.3 g，Tris 碱 1.94 g，咪唑 2.04 g，加入蒸馏水溶解至 100 mL 终体积，调节 pH 至 7.5）。

4. 实验步骤

1）重组蛋白诱导表达

（1）将 5 μL 50 mg/mL 卡那霉素加入 5 mL LB 培养基，使终浓度达 50 μg/mL。按 1/50~1/500 比例加入过夜培养的阳性重组菌。

（2）于 37 ℃恒温摇床，200 r/min，培养 2~3 h，使其 OD_{600} 值达 0.6~0.8。

（3）加入 IPTG 使其终浓度为 1 mmol/L，16 ℃、200 r/min，16 h，进行诱导。

（4）诱导结束后，在冷冻离心机中，以 4 ℃、12 000 r/min 的转速离心 90 s 收集沉淀菌体，弃上清液，加入 200 μL 的 PBS 重悬沉淀菌体。

（5）利用功率为 400 W 的超声破碎仪破碎细胞，每次间隔 2 s，超声破碎一次，累计工作 240 s（破碎结束时蛋白样品呈现清澈、澄清的状态；工作时间不得超过 300 s，否则目的蛋白的比例将降低）。

（6）将破碎后的混合液使用离心机在 4 ℃、12 000 r/min 的高速转速下离心分离上清和沉淀，取上清液，4 ℃冰箱保存待用。

2）镍柱纯化蛋白具体操作步骤

（1）柱平衡：在 5 mL 层析柱中均匀装入 2 mL 含有 Ni NTA Beads 的填料，用 5 倍镍柱体积的双蒸水过柱，将残留的乙醇、空气洗出。接着加入 10 倍镍柱体积的结合缓冲液循环过柱，平衡柱内环境。

（2）上样：将处理好的样品加到平衡好的镍柱中，使目的蛋白与 Ni^{2+} 充分接触，提高目的蛋白的回收率并收集流出液。

（3）洗杂蛋白：使用 10 倍柱体积的结合缓冲液充分冲洗镍柱，去除非特异性吸附的杂蛋白并收集洗杂液。

（4）洗脱人白介素 18 蛋白：使用 10 倍柱体积的含 300 mmol/L 咪唑的洗脱缓冲液缓慢冲洗镍柱，收集洗脱液，得到目的蛋白组分。

（5）保存镍柱：依次使用 5 倍柱体积的洗脱缓冲液和 ddH_2O 清洗柱子，将吸附在镍柱上的蛋白冲洗干净，加入 20%的乙醇，置于 4 ℃冰箱中保存备用，防止填料漏干或被细菌污染。

3）SDS－PAGE 检测

将使用镍柱进行蛋白纯化后得到的样品使用 SDS－PAGE 检测目的蛋白的纯化效果。

5. 注意事项

（1）将配制好的结合缓冲液、洗脱缓冲液以及经超声破碎后的蛋白液样品经滤膜过滤至样品澄清、无任何颗粒存在，否则会导致镍柱堵塞无法重复利用。

（2）在装柱过程中，应该尽量避免柱子内产生气泡。

（3）将处理好的样品加到平衡好的镍柱中时，此过程需要控制加样量，使目的蛋白与镍柱充分接触，加样量过多会导致分离效果下降。

6. 思考题

常用的分离纯化蛋白质的方法有哪几种？请简述它们的原理和应用范围。

实验10　蛋白质免疫印迹鉴定外源蛋白表达

1. 实验目的

（1）熟悉蛋白质免疫印迹原理。

（2）掌握蛋白质免疫印迹分析的基本操作方法。

（3）了解蛋白质免疫印迹分析在生物制药中的应用。

2. 实验原理

蛋白质免疫印迹（Western blotting），是根据抗原抗体的特异性结合检测复杂样品中的某种蛋白的方法。该法是在凝胶电泳和固相免疫测定技术基础上发展起来的一种新的免疫生化技术。由于免疫印迹具有SDS－PAGE的高分辨力和固相免疫测定的高特异性和敏感性，现已成为蛋白分析的一种常规技术。免疫印迹常用于鉴定某种蛋白，并能对蛋白进行定性和半定量分析，可以同时比较多个样品同种蛋白的表达量差异。

3. 仪器与材料

（1）仪器：电泳仪、电泳槽、水浴锅、转膜槽等。

（2）材料：蛋白、一抗、二抗、SDS－PAGE预制胶、PBST溶液、prestained protein maker、电泳液、转膜液、甲醇、PVDF膜等。

4. 实验步骤

（1）计算含20～50 μg蛋白的溶液体积即为上样量。上样前要将样品于沸水中煮5～10 min使蛋白变性。

（2）加入足够的电泳液后开始准备上样。

用微量进样器贴壁吸取样品，将样品吸出时不要吸进气泡。将加样器针头插至加样孔中缓慢加入样品。

电泳时间，浓缩胶时用80～100 V跑30 min，到分离胶以后用150～200 V跑，总时间2 h左右，电泳至溴酚蓝刚跑出即可终止电泳，进行转膜。

（3）转膜需准备滤纸和聚偏二氟乙烯膜（polyvinylidene fluoride, PVDF）。切滤纸和膜时一定要戴手套，因为手上的蛋白会污染膜。

① 将切好的PVDF膜置于甲醇中浸泡数分钟才可使用。

② 在加有转移液的搪瓷盘里放入转膜用的夹子、两块海绵垫、玻棒、滤纸和甲醇浸过的膜。

③ 将夹子打开使黑的一面保持水平。在上面垫一张海绵垫，用玻棒来回擀几遍以赶走里面的气泡。在垫子上垫三层滤纸，一手固定滤纸一手用玻棒擀去其中的气泡。

④ 要先将玻璃板撬掉才可剥胶，撬的时候动作要轻，要在两个边上轻轻地反复撬。撬一

会儿玻璃板便开始松动,直到撬去玻璃板。除去玻璃板后,将浓缩胶轻轻刮去,要避免把分离胶刮破。小心剥下分离胶盖于滤纸上,用手调整使其与滤纸对齐,轻轻用玻棒擀去气泡。将膜盖于胶上,并除气泡。在膜上盖三张滤纸并除去气泡。最后盖上另一个海绵垫,擀几下就可合起夹子。整个操作在转移液中进行,要不断地刮去气泡。膜两边的滤纸不能相互接触,接触后会发生短路。

⑤ 将夹子放入转移槽中,要使夹子的黑面对槽的黑面,夹子的白面对槽的红面。电转移时会产热,在槽的一边放一块冰来降温。一般用 60 V 转移 2 h 或 40 V 转移 3 h。

(4) 免疫反应。

① 将膜用 TBST 从下向上浸湿后,移至含有封闭液的平皿中,室温下脱色摇床上摇动封闭 1 h。

② 将一抗用 TBST 稀释至适当浓度备用,将封闭完的膜取出,用配制好的一抗溶液 4 ℃孵育过夜。

③ 第二天,取出膜用 TBST 在室温下脱色摇床上洗 5 次,每次 10 min。

④ 同上方法准备用碱性磷酸酶(alkaline phosphatase, AP)标记的二抗稀释液室温下孵育 1~2 h 后,用 TBST 在室温下脱色摇床上洗 5 次,每次 10 min。

(5) 蛋白显影,NBT/BCIP 一步成像法。

将 NBT 和 BCIP(NBT:四唑氮蓝;BCIP:5-溴-4-氯-3-吲哚磷酸盐)溶液混匀并滴加至膜上,直到蛋白膜显色,而后用纯水冲洗即可。原理:BCIP/NBT 是碱性磷酸酯酶的常用底物,在碱性磷酸酯酶的催化下,BCIP 会被水解产生强反应性的产物,该产物会和 NBT 发生反应,形成不溶性的深蓝色至蓝紫色的 NBT-formazan。

5. 注意事项

(1) 避免用手直接接触 PVDF 膜,应戴手套并使用镊子,手指上的油脂与蛋白会影响转膜效率并易产生背景污斑。

(2) 转膜时,胶与 PVDF 膜之间不能有气泡。

6. 思考题

目的蛋白分子量很小(10 kDa),做蛋白质免疫印迹实验时需如何设置实验条件?

实验 11　*c-Myc* 基因敲低质粒的构建、转化与 *c-Myc* 基因敲低细胞系的筛选

11.1　*c-Myc* 基因敲低质粒的构建与转化

1. 实验目的

（1）了解基因敲低的原理。

（2）了解质粒构建和转化。

2. 实验原理

1）RNA 干扰

RNA 干扰（RNA interference, RNAi）是一种高效特异的基因缺失性研究工具，是 Andrew Fire 和 Craig Mello 在线虫中发现的一种由双链 RNA（dsRNA）介导的基因沉默现象，几乎存在于所有真核生物中。RNAi 已经广泛应用于各种真核生物的基因功能研究、药靶发现及药物筛选。近年来，多种临床试验表明靶向致病基因的 RNAi 药物具有治疗困扰人类多年疾病的巨大潜力。

RNA 干扰是将双链 RNA 导入细胞引起特异基因 RNA 降解的一种细胞反应过程，涉及多种蛋白质共同参与。双链 RNA 进入细胞内后，会被核酶切割成只有 21～23 nt 的小分子 RNA 片段，即 siRNA，随后的 siRNA 与细胞质内的 RNA 诱导沉默复合体（RISC）结合，并解旋成单链。其中的正义链会被降解，剩下的反义链会引导 RISC 与相应互补的 mRNA 结合，致使 RISC 切断这段 mRNA 并使其降解，以导致其无法翻译出蛋白质或调控基因表达。在研究基因功能中，RNAi 由于可以特异性地使基因沉默或表达量降低而成为生物实验中的有力工具。

2）RNA 干扰的类别

（1）siRNA（short/small interfering RNA）合成：在 RNAi 效应阶段，siRNA 双链结合一个核酶复合物从而形成所谓 RNA 诱导沉默复合物（RNA-induced silencing complex, RISC）。激活的 RISC 通过碱基配对定位到同源 mRNA 转录本上，并在距离 siRNA 3′端 12 个碱基的位置切割 mRNA。

对于常规的编码基因，转录出的 mRNA 基本都是定位在细胞质中。对于这种基因的干扰，可以化学合成双链 siRNA，即 dsRNA。dsRNA 通常为 21～25 bp，短小精悍，很容易被转染到目的细胞（系）中，但是缺点就是不能稳定遗传下去。

（2）microRNA（miRNA，微小 RNA）干扰载体构建：miRNA 是由内源性发夹（hairpin）结构转录产物衍生而来的一种长为 19～25 nt 的单链 RNA。在每种高等动物中，存在 200 种以上的 miRNA，是最大的基因家族之一，约占基因组的 1%。单链 RNA 主要采用 Pol II 启动子表达人

工设计的微小 RNA(miRNA)互补链或多个 miRNA 互补链,靶向干扰成熟 miRNA。

(3) shRNA(RNA-Short hairpin RNA)干扰载体构建：即短发夹 RNA,是设计为能够形成发夹结构的非编码小 RNA 分子,可通过 RNA 干扰来抑制基因的表达。Thomas Rosenquist 和 Greg Hannon 小组联合研究了在哺乳动物种系细胞中 shRNA 的转移导致基因长时间稳定沉默的机制。shRNA 是可以克隆至表达载体并表达 siRNA 双链的 DNA 分子。可以根据目标基因设计短发卡 RNA 序列并将其克隆到特定载体上。

miRNA、siRNA、dsRNA 和 shRNA 都是 RNA 干扰技术中用到的小分子 RNA,其不同之处在于 miRNA 是单链 RNA,其余均为双链 RNA。siRNA 和 dsRNA 相似,shRNA 需通过载体导入细胞后,然后利用细胞内的酶切机制得到 siRNA 而最终发挥 RNA 干扰作用。

3) shRNA 常用载体

(1) pSIH1 - H1 - copGFP - T2A - Puro 载体：慢病毒表达载体,可以用于瞬转或慢病毒包装;含 H1 - promoter 用于表达 shRNA 序列;带有 GFP 和 Puro 双标签,可用于检测转染效率和抗性筛选。

(2) pLKO. 1 - U6 - shRNA - Puro 载体：慢病毒表达载体,可以用于瞬转或慢病毒包装;含 U6 - promoter 用于表达 shRNA 序列;带有 Puro 标签,用于抗性筛选。

(3) 其他常见载体如表 11.1 所示。

表 11.1　其他常见载体

载 体 名 称	特　点
pLKO. 1 - U6 - shRNA - hPGK - GFP - T2A - Puro	GFP 和 Puro 双标签
pLVX - shRNA2 - Puro	Puro 双标签
pLKO. 1 - U6 - shRNA - hPGK - Cherry - T2A - Puro	Cherry 和 Puro 双标签
pLKO. 1 - U6 - shRNA - hPGK - BSD	BSD 抗性
pSIH1 - H1 - shRNA - CMV - GFP - T2A - BSD	GFP 和 BSD 抗性
pSIH1 - H1 - shRNA - CMV - Cherry - T2A - BSD	Cherry 和 BSD 抗性
pSIH1 - H1 - shRNA - CMV - BSD	BSD 抗性
pSIH1 - H1 - Zsgreen - shRNA - CMV - GFP - T2A - BSD	shRNA 克隆处增加 Zsgreen 片段,方便酶切

4) shRNA 引物设计

(1) 数据库介绍：以人 *c-Myc* 基因为目的基因,用 pLVX - shRNA2 - Puro 做载体为例。

先通过 NCBI 数据库,找到目的基因的 ID,人 *c-Myc* 基因(ID：4609),如图 11.1 所示。

进入 GPP Web Portal(https：//portals. broadinstitute. org),选择 Search by Gene,并输入基因 ID,选择 Human,点击 Search,寻找推荐的靶点序列,部分查询结果如图 11.2 所示。

在数据库选取某个干扰靶点,在该序列两端加上酶切位点(BamH I/EcoR I),中间插入 Loop 环,设计 shRNA 片段。

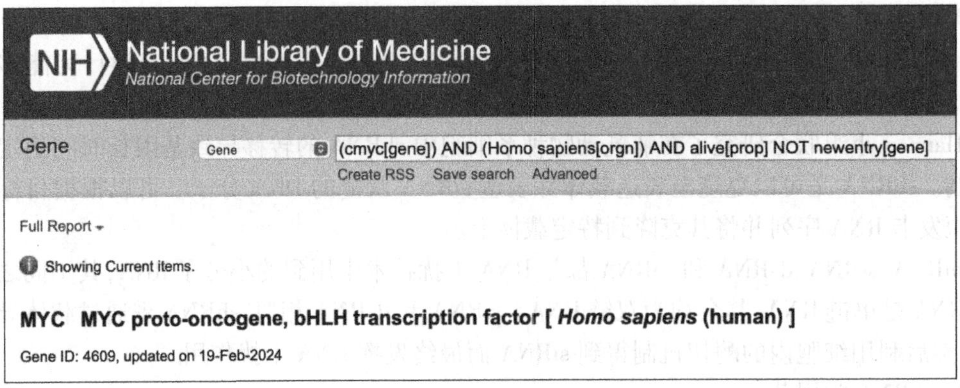

图 11.1　数据库介绍

	Input	Taxon	Gene ID	Gene Symbol	Clone ID	Target Seq	Vector	Matching Transcripts for Gene	Match Regions [?]	SDR Match % [?]	Intrinsic Score [?]	Adjusted Score [?]	Matches other Gene in Same Taxon?	Orig. Target Gene [?]	Addgene [?]
1	4609	human	4609	MYC	TRCN0000039639	CCCAAGGTAGTTATCCTTAAA	pLKO.1	NM_001354870.1, NM_002467.6	CDS	100%	13.200	10.560	N	MYC	n/a
2	4609	human	4609	MYC	TRCN0000312580	ACTGAAAGATTTAGCCATAAT	pLKO_005	NM_001354870.1, NM_002467.6	3UTR	100%	13.200	9.240	N	MYC	n/a
3	4609	human	4609	MYC	TRCN0000312628	TACGGAACTCTTGTGCGTAAG	pLKO_005	NM_001354870.1, NM_002467.6	CDS	100%	6.000	8.400	N	MYC	n/a
4	4609	human	4609	MYC	TRCN0000353004	ACTCGGTGCAGCCGTATTTCT	pLKO_005	NM_001354870.1, NM_002467.6	CDS	100%	5.625	7.875	N	MYC	n/a

图 11.2　寻找推荐的靶点序列

shRNA 片段引物设计如下：

G +目的序列+TTCAAGAGA(Loop 环)+目的序列反向重复序列+TTTTTT

以第一个序列为例，正反向 Oligo 序列分别为：

c-Myc shRNA1 - F 5′

GATCCGCCCAAGGTAGTTATCCTTAAATTCAAGAGATTTAAGGATAACTACCTTGGGTTTTTTG 3′

c-Myc shRNA1 - R 5′

AATTCAAAAAACCCAAGGTAGTTATCCTTAAAAAGTTCTCTTTTAAGGATAACTACCTTGGGCG 3′

3. 仪器与材料

（1）仪器：PCR 仪、水浴锅、凝胶电泳系统、培养箱、超净工作台。

（2）材料：BamH I/EcoR I 内切酶、琼脂糖、DNA 凝胶回收试剂盒、T4 DNA 连接酶、DH5α 感受态细胞、LB 培养基、平板(氨苄抗性)等。

4. 实验步骤

1）载体构建

（1）载体酶切。

① 通过 BamH I/EcoR I 内切酶对 pLVX - shRNA2 - Puro 载体进行酶切。反应体系如表 11.2 所示。

表 11.2 载体酶切

成　　分	体　　积
质粒	1 μg
BamH I	1 μL
EcoR I	1 μL
10 × Buffer	5 μL
水	Up to 50 μL

在 37 ℃水浴锅中孵育 1 h。

② 孵育结束,加 SDS loading buffer 终止反应,并用配制好的 1%琼脂糖凝胶进行电泳。

③ 酶切产物回收纯化。

根据 DNA marker 指示,回收切开的线性载体(8 979 bp)。回收纯化以北京擎科 DNA 凝胶回收试剂盒为例,具体步骤如下:

a. 在新吸附柱中,加入 250 μL Buffer BL,10 000 g 离心 1 min,活化中间硅胶膜;

b. 在紫外灯下,将所需 DNA 片段切下回收到 2 mL 离心管中,加入 500 μL Buffer GL;

c. 65 ℃水浴 5~10 min,至胶完全融化,溶液变为淡黄色;

d. 将溶液转移至吸附柱中,12 000 g 离心 1 min,倒掉废液,将吸附柱放到空的 2 mL 离心管中;

e. 加入 700 μL Buffer W2 到吸附柱中,12 000 g 离心 1 min,倒掉废液;

f. 重复步骤 e 一次;

g. 把吸附柱置于空的 2 mL 离心管中,12 000 g 离心 2 min;

h. 把吸附柱置入新的 1.5 mL 离心管中,在硅胶膜中间部位加 30 μL Eluent(65 ℃预热效果更好),室温放置 2 min,12 000 g 离心 1 min,收集 DNA。

(2) shRNA 片段引物退火。

① PCR 反应体系如表 11.3 所示。

表 11.3 PCR 反应体系

成　　分	体　　积
c-Myc shRNA1 - F(100 μM)	10 μL
c-Myc shRNA1 - R(100 μM)	10 μL
10 × Buffer	2.2 μL

混匀后,PCR 仪缓慢退火至室温(>60 min)。

② PCR 程序如下:

95 ℃　　　　5 min

94~46 ℃　　　降 1 ℃/min

46~26 ℃　　　　降 2 ℃/min

4 ℃　　　　∞

（3）酶连：利用 T4 DNA 连接酶进行连接。

① 将 Oligo 退火产物稀释 100 倍，终浓度为 0.5 μmol/L。

② 配置酶连反应，反应体系如表 11.4 所示。

表 11.4　配置酶连反应体系

成　分	体　积
载体酶切产物	50 ng
Oligo 退火产物（0.5 μmol/L）	1 μL
T4 DNA 连接酶	1 μL
10×Buffer	2 μL
水	Up to 20 μL

③ 混匀，根据说明书提供的温度和时间孵育（常用 4 ℃，过夜/16 ℃，2 h/22 ℃，10 min）。

2）酶连产物转化

（1）冰上解冻 DH5α 感受态细胞，取 10 μL 冷却酶连产物加入 100 μL DH5α 感受态细胞中。

（2）轻弹管壁混匀，置于冰上 30 min，然后 42 ℃热激 90 s，冰上孵育 5 min。

（3）加入 800 μL 液体 LB 培养基，37 ℃摇床，200 r/min，摇菌 45 min。4 000 r/min 离心 5 min，留 100~200 μL 上清液将菌体重悬，用灭过菌的三角涂布棒将菌液在含有氨苄的平板上涂布均匀，待菌液吸收后，将平板倒置。

（4）37 ℃培养箱过夜培养，然后挑取菌落后，扩大培养。

5. 注意事项

（1）穿戴实验防护服、手套、口罩等必要的防护装备。

（2）PCR 仪的规范使用。

（3）配制反应体系时需进行浓度体积计算，注意单位。

6. 思考题

如何确认载体是否构建成功？

11.2　*c-Myc* 基因敲低细胞系的筛选

1. 实验目的

（1）了解敲低细胞系建立原理。

（2）了解慢病毒载体。

2. 实验原理

敲低细胞系指的是将某一细胞系中自身表达的基因进行持续敲低的细胞系。将外源 shRNA 克隆到带有某种抗性基因的载体上，重组载体被转染至宿主细胞并整合到其染色体中，并能随细胞分裂稳定传递下去，用载体中所含抗性基因进行筛选。

慢病毒（lentivirus）是常用的将 shRNA 序列导入细胞的方法，用于敲低特定基因的表达。慢病毒属于逆转录病毒的一种，由于其感染潜伏期较长，临床症状发展缓慢，被称为慢病毒。而慢病毒载体则是在慢病毒的基础上改变重组其构成原件，进而在去除其生物危害性的同时，利用其高感染等性能表达目的基因。

人类免疫缺陷病毒（HIV）是一种常见的慢病毒载体改造原型。如下以 HIV 中最为常见的 HIV－1 型为例进行介绍。HIV－1 为双链 RNA 病毒，主要组分包含三种重要病毒核心基因：*gag*（编码结构蛋白或称为核心蛋白），*pop*（编码复制相关酶类），*env*（编码包膜糖蛋白）；调节基因：*tat*（转录控制）和 *rev*（表达调节）；四个辅助基因：*vif*、*vpr*、*vpu*、*nef*（作为毒力因子参与宿主细胞的识别和感染）；两端为长末端重复序列 LTR（内含复制所需的顺式作用元件）。

第一代慢病毒载体为双质粒系统，基本保留了 HIV 的所有组件，产毒滴度低，复制缺陷，且存在产生复制能力的活性 HIV 病毒的可能；第二代慢病毒载体为三质粒系统，分为包装质粒、包膜质粒和载体质粒，其中使用水疱性口炎病毒糖蛋白（VSV－G）基因替代 *env* 基因，拓宽了病毒的感染宿主细胞范围，虽然三质粒降低了病毒重组的可能，但是由于其依然保留 HIV 大部分附属基因，产生活性 HIV 依然存在可能；第三代慢病毒载体则去除了 HIV 病毒所有辅助序列，只保留核心的 3 个基因（*gag*、*pol*、*rev*），病毒 RNA 不能转录，故外重组的可能性很低；第四代慢病毒载体为四质粒系统，即将病毒核心基因分散在多个质粒中（pGag/Pol、pRev、pVSV－G 和载体质粒），同时去除 *tat*，故病毒重组、产生活性病毒的可能进一步降低，同时四质粒系统中的载体质粒可以包含可诱导基因，使得该基因表达系统可以条件性调控。

慢病毒载体感染能力强且宿主广泛（分裂和非分裂细胞）；能够整合进宿主 DNA 且筛选后稳定遗传；表达潜伏期短，一般细胞 24～48 h、体内 96 h 可表达；慢病毒载体可以插入组织特异性启动子或增强子；慢病毒携带基因的长度大致为 5 kb 以内。由于慢病毒依然是 HIV 来源，自然宿主是人，依然存在潜在的生物毒性，故操作时避免直接接触人体。慢病毒载体适合常见类型的体外研究（细胞），包括过表达、敲除、敲低等基因干预操作，但慢病毒载体不适合于体内研究，因为其滴度不能够满足体内用量且免疫原性较强。

3. 仪器与材料

（1）仪器：生物安全柜、荧光显微镜等。

（2）材料：PEI 转染试剂、HEK293T 细胞、DMEM 培养基、Polybrene 等。

4. 实验步骤

本实验采用第二代慢病毒包装体系进行病毒包装，包括包装质粒 psPAX2 和 pMDLg，以及前面构建好的慢病毒载体 pLVX－c－Myc－shRNA1－Puro。通过 PEI 转染试剂将三质粒同时转染进 HEK293T 细胞内。

1）慢病毒包装

（1）转染前一天，将适量 HEK293T 细胞接种到 10 cm 细胞培养皿，待其在转染时细胞密度为 80%左右。

（2）慢病毒表达载体、psPAX2 以及 pMDLg 按照 4 ∶ 3 ∶ 1 的比例进行质量分配，将总量 10 μg 质粒 DNA 稀释到 500 μL 无血清培养基中，旋涡混匀。

（3）加入 20 μL PEI 试剂，旋涡 10 s，室温静置 10 min。

（4）将转染混合液逐滴加入提前铺好的 10 cm 细胞培养皿中，轻轻摇晃培养皿，使转染混合液在培养皿内混合均匀。

（5）培养皿放回培养箱中，4~6 h 后换液，之后 24 h 观察荧光表达情况，收集病毒上清液，48 h 再收集一次。

2）病毒感染

（1）感染前一天将适量 HEK293T 细胞接种到 6 孔板中，待第二天感染时细胞密度为 50%左右。

（2）感染时 6 孔板内细胞更换新鲜培养基，每孔加入 500 μL 病毒液，随后加入 Polybrene 至终浓度为 4 μg/mL，轻轻摇晃培养皿混匀后，培养箱内培养 10~12 h。

（3）之后吸去含有病毒液的培养基，每孔更换为 2 mL 的完全培养基继续培养。

（4）感染 48 h，荧光显微镜观察 HEK293T 细胞绿色荧光蛋白 GFP 的表达情况。

3）稳转筛选

在感染一周荧光表达稳定后，将培养基更换为含有嘌呤霉素的完全培养基，进行抗性筛选，筛选期间要逐步提高嘌呤霉素的浓度，待荧光蛋白表达率 90%以上时可停止筛选。

5. 注意事项

（1）穿戴实验防护服、手套、口罩等必要的防护装备。

（2）在转染时，建议选用高纯度、无菌、无污染、无内毒素的优质质粒 DNA。质粒中内毒素会导致转染效率显著下降。

（3）细胞状态会极大影响转染效率，为提高转染效率，建议使用生长状态良好且生长处于指数期、存活率>90%的细胞进行转染。

6. 思考题

如何提高病毒感染的效率？

实验 12 CRISPR 生物传感法检测妥布霉素

12.1 Cas12a 蛋白的原核表达与纯化

1. 实验目的

(1) 熟悉蛋白原核表达和纯化流程。

(2) 掌握重组蛋白诱导表达的方法。

(3) 掌握使用镍柱纯化蛋白的方法。

2. 实验原理

在基于 CRISPR/Cas12a 的生物传感检测应用中,需要使用大量的 Cas12a 蛋白,故需要通过原核表达并纯化 Cas12a 蛋白。通过 Cas12a 蛋白表达载体转化工程大肠杆菌,诱导蛋白表达并纯化,便可以获得所需的 Cas12a 蛋白。

本实验所使用的表达质粒携带了乳糖操纵子,能够表达阻遏蛋白,该阻遏蛋白的结合位点在重组蛋白对应的 T7 启动子之后。在没有诱导剂的情况下,阻遏蛋白会结合在 T7 启动子后,阻碍目的蛋白的表达。在诱导剂存在的情况下,阻遏蛋白从结合位点上脱离,目的蛋白便可以正常表达。转化了表达质粒的工程菌,可以在没有诱导剂的情况下快速扩增。当积累足够的菌体数量后加入诱导剂,提高重组蛋白的表达量。

本实验中,重组蛋白纯化通过在其末端添加六个连续的组氨酸(His 标签)来实现。组氨酸能够与金属离子结合,因此可以利用固定化金属离子亲和层析技术来纯化这种重组蛋白。这一过程的原理:在固定介质上通过螯合剂固定金属离子,带有 His 标签的重组蛋白会与这些金属离子结合,而没有 His 标签的蛋白则难以与固定介质结合,从而实现重组蛋白与其他蛋白的分离。此外,咪唑能够与组氨酸结合,它可以与金属离子竞争,将 His 标签的重组蛋白从金属离子螯合柱上洗脱下来,进而分离出目标蛋白。

3. 仪器与材料

(1) 仪器:超净工作台、恒温培养箱、恒温摇床、制冰机、低温离心机、涡旋振荡仪、电泳仪、超声波破碎仪、培养皿、30 mL 刻度管、50 mL 离心管、1.5 mL 离心管、移液枪与枪头、预装重力柱(镍柱)、50 kDa 超滤管。

(2) 材料:转化好 6His－MBP－TEV－huLbCpf1 质粒的工程大肠杆菌(DE3)、LB 固体培养基(氨苄青霉素抗性)、LB 液体培养基(氨苄青霉素抗性)、TB 液体培养基(氨苄青霉素抗性)、溶菌酶、重悬液(16.2 mmol/L NaH_2PO_4/Na_2HPO_4 水合物,3.2 mmol/L NaH_2PO_4/Na_2HPO_4 水合物,10 mmol/L 咪唑,0.5 mol/L NaCl)、洗脱液(16.2 mmol/L Na_2HPO_4/Na_2HPO_4 水合物,3.2 mmol/L NaH_2PO_4/Na_2HPO_4 水合物,250 mmol/L 咪唑,0.5 mol/L NaCl,用 0.45 μm 滤膜过滤)、保存液(20 mmol/L Tris－HCl,200 mmol/L NaCl,0.2 mmol/L EDTA,2 mmol/L

DTT,用 0.45 μm 滤膜过滤)、甘油、IPTG、SDS、Loading Buffer。

4. 实验步骤

1) 甘油菌的复苏与“小摇”扩培

(1) 甘油菌的复苏:在超净工作台中,冰上溶解甘油菌,使用小枪头蘸取甘油菌,于 LB 固体培养基(氨苄青霉素抗性)上进行平板划线,倒置培养基,37 ℃ 过夜培养 12~14 h。完成培养的培养基可以在冰箱中 4 ℃保存 1 个月。

(2) “小摇”扩培:完成过夜培养后,使用小枪头取单菌落,置于存有 15 mL LB 液体培养基(氨苄青霉素抗性)的刻度管中,37 ℃ 下使用摇床振荡过夜培养 12~16 h。

(3) 菌株的保存:取 1.5 mL 离心管,加入 600 mL 甘油与 600 mL“小摇”菌液,混匀后使用液氮速冻,放入冰箱,-80 ℃下可以保存 1 年。

2) 表达菌的培养与诱导及验证

取 500 mL LB 培养基,接种 2.5 mL 0.5%的“小摇”菌液,37 ℃下振荡孵育,每隔半小时测一次 OD_{600} 值,直至测量 OD_{600} 值为 0.2。温度降低至 21 ℃,继续使用摇床振荡孵育直至测量 OD_{600} 值为 0.6。

取出 15 mL 上述菌液加入刻度管中,剩余菌液加入另一个刻度管并加入终浓度为 0.5 mmol/L 的 IPTG,两个样品在 16 ℃下摇床振荡孵育 14~18 h。

取诱导前后各 1 mL 菌液,在 5 000 r/min 下离心 4 min,去除上清液。剩余的诱导后菌液使用冷冻离心机,在 4 ℃下 5 000 r/min 离心 20 min,去除上清液后的细胞团,保存在-80 ℃下备用。

对取出的诱导前后菌液的沉淀,加入 18 μL 10 % SDS 与 2 μL Loading Buffer,100 ℃加热 10 min,冷却后 12 000 r/min 下二次离心 2 min。取上清液,进行 SDS-PAGE 验证。

3) 菌体细胞破碎和可溶性蛋白收集

取出细胞团,冰上溶解并分三次加入共计 30 mL 重悬缓冲液,重悬细胞团并收获于离心管中。使用小枪头,挑取少量溶菌酶粉末,加入重悬液中,进行超声细胞破碎 20~60 min,超声破碎过程中需要冰浴。冰浴过程中,需要保持离心管充分接触冰体。具体方法为:取 1 L 烧杯,放入含有菌液的离心管并加满冰,压实冰并加入水,水面没过离心管中菌液的液面。每超声破碎 15 min 观察冰浴情况。

将破碎后的菌液,4 ℃ 5 000 r/min 离心 20 min,然后 4 ℃ 12 000 r/min 离心 5 min,取出上清,弃沉淀。使用亲水 0.45 μm 注射器式滤膜,对取得的上清液进行过滤,得到蛋白液,留样 100 μL 保存于 4 ℃。得到的蛋白溶液需要尽快开始纯化,以防发生蛋白降解。

4) 使用镍柱进行蛋白纯化

用 10 mL 重悬液平衡镍柱。加入蛋白提取液,并收集流穿液待检,命名为“流穿液”。加入 50 mL 重悬液洗去杂蛋白,并收集流穿液待检,命名为“洗杂液”。加入 20 mL 洗脱液,分管收集所有的流穿液,命名为“洗脱 1-N”(N 为收集管的编号)。

使用完的柱子处理:加入 25 mL 洗脱液彻底清洗柱子,再用 25 mL 去离子水清洗柱子,加入 20 %乙醇,等待乙醇流入树脂后,加满乙醇后储存于 4 ℃。

使用 SDS-PAGE 分析蛋白“流穿液”“洗杂液”“洗脱 1-N”中的蛋白情况,最后选定富集了蛋白的对应编号的洗脱液,集中收集。

5）蛋白的浓缩和保存

先向超滤管加入去离子水，冰浴 2 min。去除滤管内的水，空管冰浴 2 min。将纯化的目标蛋白液倒入超滤管的内管中，在 4 ℃下，8 000 r/min 离心 15 min。向内管加入 10 mL 无甘油保存液。用枪头轻轻吹打内管，令膜上的目标蛋白脱落，注意不要碰到膜。取出内管的目标蛋白储存液放于离心管内，并且向离心管内加入等量的甘油，令甘油占总体积的 50%，在-20 ℃下保存。

使用后的超滤管处理：用去离子水轻轻润洗整个超滤管，向内管加入适量的 0.2 mol/L 的 NaOH 溶液，在 8 000 r/min 下离心 5 min，以除去残余蛋白。用去离子水轻轻润洗整个超滤管，将内管放置于含有 1 L 去离子水的烧杯内，几小时后换水，不断稀释 NaOH，外管装满去离子水置于 4 ℃冰箱内。

5. 注意事项

（1）在进行超声破碎时，需密切监控温度，因为高温可能导致蛋白质失活。

（2）使用镍柱时，要确保柱内液体不完全流尽，且不低于树脂层，以避免影响层析效果。所有通过柱子的液体必须先通过 0.45 μm 滤膜过滤，以防止树脂因空气或杂质而流速变慢。

（3）菌株的保存应当谨慎，提取菌株后应立即将其冷冻保存在液氮中。只有在小规模摇瓶培养成功后，确认菌株活性无误，才能丢弃之前的甘油菌株。同样，划线平板也应在小规模摇瓶培养成功后，确认菌株活性后，方可丢弃。这样的操作流程有助于确保菌株的稳定性和实验的连续性。

6. 思考题

如何进一步提高蛋白纯化效果？

12.2 crRNA 的体外转录与纯化

1. 实验目的

（1）掌握体外转录 RNA 的方法。

（2）掌握使用吸附柱纯化 RNA 的方法。

2. 实验原理

除了 Cas12a 蛋白，在基于 CRISPR 技术的生物传感器中，还需要转录及纯化 crRNA。本实验通过体外转录获得 crRNA。

体外转录是指在实验室条件下，不依赖于生物体内环境，通过酶促反应合成 RNA 的过程。T7 启动子是一种强大的转录元件，能够显著提升体外转录的效率。在这一过程中，可以直接使用含有 T7 启动子和目标 RNA 序列的双链 DNA 作为模板，T7 RNA 聚合酶能够识别并结合到这个启动子上，从而以长链 DNA 为模板启动转录。此外，还可以采用单链 DNA 作为模板的方法，即利用一条包含 T7 启动子序列和目标 RNA 互补序列的长单链 DNA，再配合一条仅含有 T7 启动子互补序列的短 DNA，共同形成具有双链 DNA 启动子区域的结构。T7 RNA 聚合酶在识别这一启动子后，同样以长链 DNA 为模板进行转录，合成所需的目标 RNA。这两种模板构建策略都充分发挥了 T7 启动子的转录活性，确保了体外转录的高效率。

体外转录的产物，即 crRNA，需要通过纯化手段去除杂质以便用于后续的实验。由于 crRNA 长度较短，难以通过传统的氯化锂沉淀法等进行纯化，因此通常需要通过吸附柱来纯化。吸附柱纯化的原理是在高盐环境下携带正电荷，吸附核苷酸所携带的负电荷，实现对核苷酸的吸附，并在低盐环境下洗脱。

3. 仪器与材料

（1）仪器：超净工作台、涡旋振荡仪、金属浴、电泳仪、超声波破碎仪、30 mL 刻度管、50 mL 离心管、1.5 mL 离心管、移液枪与枪头、柱式 RNA 快速浓缩纯化试剂盒。

（2）材料：T7 RNA 聚合酶、RNA 酶抑制剂、DNase I、Tris－100Na 缓冲液（125 mmol/L Tris－HCl，500 mmol/L NaCl，pH 7.4）、转录缓冲液（400 mmol/L Tris，80 mmol/L $MgCl_2$，20 mmol/L spermidine，pH 8.0）、DEPC－H_2O、NTP 混合液、Buffer A、Buffer B、无水乙醇。

（3）寡聚核苷酸及序列：

① Template DNA：5′ CAG GTT TCG TAT AGT ACA GCA TCT ACA CTT AGT AGA AAT TAC CCT ATA GTG AGT CGT ATT AAT TTC 3′；

② T7 primer DNA：5′ GAA ATT AAT ACG ACT CAC TAT AGG G 3′。

4. 实验步骤

1）制备转录模板

用移液器量取 2 μL Template DNA（100 μmol/L），2 μL T7 primer DNA（100 μmol/L），5 μL Tris－100Na 缓冲液，41 μL DEPC－H_2O，加入离心管中混匀。在 95 ℃下加热 5 min 后，缓慢冷却至室温。

2）crRNA 的体外转录

用洁净的手套，在超净工作台内操作。用移液器量取 4 μL 转录模板（0.2 μmol/L），16 μL NTP 混合液（2 mmol/L），20 μL 转录缓冲液，156 μL DEPC－H_2O，加入离心管中混匀。用移液器量取 4 μL T7 RNA 聚合酶（1 U/μL）加入上述混合液后振荡离心。使用金属浴 42 ℃，孵育 3 h 后，加入 4 μL DNase I（50 U/μL）。使用金属浴 37 ℃，孵育 1 h 后升温至 65 ℃使酶失活，结束反应。由于 DNase I 对振荡敏感，容易变性。加入 DNase I 的反应液应避免剧烈涡旋，颠倒混匀即可。

3）使用柱式 RNA 快速浓缩纯化试剂盒纯化 crRNA

在超净工作台内，向待纯化的 RNA 溶液中加入 9 倍体积 Buffer A。混匀后，加入 1.5 倍体积的无水乙醇，颠倒混匀。将吸附柱放入收集管，用移液器将溶液移至吸附柱，使用 12 000 r/min 室温离心 30 s，倒掉收集管中的废液。将吸附柱放回收集管，加入 700 μL Buffer B 使用 12 000 r/min 室温离心 30 s，倒掉收集管中的废液。将吸附柱放回收集管，再次加入 300 μL Buffer B，使用 12 000 r/min 室温离心 30 s，倒掉收集管中的废液。将吸附柱放回收集管，使用 10 000 r/min 室温离心 30 s，废弃收集管。将吸附柱放入 RNase－free 的 1.5 mL 离心管中，在吸附膜中央加入 100 μL DEPC－H_2O，室温静置 2 min，使用 10 000 r/min 室温离心 60 s 后，将所得 RNA 溶液保存于－80 ℃冰箱。

5. 注意事项

(1) 全程应穿戴实验服、手套与口罩,防止体液沾染引入 RNA 酶,这会导致 RNA 被降解。
(2) RNA 纯化操作应当快速,防止 RNA 降解。
(3) DNase I 配制后应该根据实验需求,分装保存在-20 ℃,不能再次冻融。
(4) 根据实验所需的 crRNA 量,适当降低上述反应体系体积。

6. 思考题

请简述其他纯化 RNA 的方法及其适用情况。

12.3 生物传感法检测妥布霉素

1. 实验目的

(1) 熟悉生物传感法检测的基本原理与方法。
(2) 掌握核酸无酶等温扩增技术的原理与方法。
(3) 掌握 CRISPR 技术检测的原理与检测抗生素的方法

2. 实验原理

生物传感器是一种利用生物大分子作为识别元件的新型传感检测技术。核酸生物传感器是以功能核酸分子为识别元件,这些功能核酸分子包括核酸适配体、脱氧核酶等,它们能够与目标分子发生特异性反应,并产生可观察与测量的信号。核酸生物传感器因其低成本和快速分析的特点,非常适合开发为即时检测(POCT)技术。它们易于合成、稳定性好,并能通过信号放大提高检测灵敏度。此外,核酸生物传感器的便携性和操作简便性使其成为临床诊断与环境监测中的新型检测方法。

杂交链反应(HCR)是一种无酶等温 DNA 扩增技术,可在单链核酸侵入后产生长双链 DNA。HCR 中的扩增单体是两个带有趾状区域的发夹 DNA (H1 和 H2)。单链 DNA 触发链可引发连锁反应,发夹单体在此过程中打开并相互影响,从而形成具有多个缺口位点的长双链 DNA。这一过程可视化为一连串的杂交事件,可放大初始信号,从而实现对目标分子的高灵敏度检测。

在细菌中发现的有规律间隔的短链重复序列及其相关的 Cas 蛋白(CRISPR/Cas)已被证明是原核生物适应性免疫系统的一个组成部分,用于抵御宿主的病毒感染。CRISPR/Cas 系统被重新利用和开发,成为精确编辑基因组和可编程控制基因表达的强大工具箱。随着一些 Cas 蛋白(如 Cas12a、Cas13a 和 Cas14a)附带裂解活性的发现,使构建新的快速诊断检测平台成为可能。核酸适配体是一种短的单链寡核苷酸。核酸适配体与离子、小分子、肽、细胞等目标分子具有高的特异性亲和力,因此被广泛用作识别探针。随着功能核酸的快速发展,通过适配体和脱氧核酶构建的生物传感器已被报道并用于多种分析物的检测。最近,通过将功能核酸与 CRISPR/Cas12a 相结合,构建了很多新型生物传感器。利用这些生物传感检测法,实现了对多种类型非核酸靶标分子的超灵敏检测。

妥布霉素是一种氨基糖苷类抗生素，在人类临床实践和兽医学中被广泛用于治疗细菌感染。妥布霉素的滥用可能会对人类生命和健康造成不可逆转的副作用，包括肾毒性、神经肌肉阻滞和过敏反应。由于缺乏紫外吸收、生色团或荧光团，使用基于仪器的分析方法如高效液相色谱(HPLC)、液相色谱-质谱联用(LC－MS)检测妥布霉素存在巨大挑战。本实验使用生物传感法结合 CRISPR 技术检测妥布霉素。利用一个核酸适配体探针(AP)识别妥布霉素，杂交链反应(HCR)扩增信号，CRISPR/Cas12a 切割荧光报告探针输出荧光信号。

3. 仪器与材料

(1) 仪器：超净工作台、金属浴、制冰机、涡旋振荡仪、荧光分光光度计、30 mL 刻度管、50 mL 离心管、1.5 mL 离心管、移液枪与枪头、柱式 RNA 快速浓缩纯化试剂盒。

(2) 试剂：Tris－Na 缓冲液(25 mmol/L Tris－HCl，500 mmol/L NaCl，pH 7.4)、crRNA、Cas12a 蛋白、Cas 反应缓冲液(40 mmol/L HEPES，100 mmol/L NaCl，20 mmol/L $MgCl_2$，pH 7.4)、HCR 反应缓冲液(50 mmol/L Tris－HCl，500 mmol/L NaCl，pH 7.2)。

(3) 寡聚核苷酸及序列：

① AP：5′ GAC TAG GCA CTA GTC CAC CGA AAC CTG AAC CTT GTG TGG ACT AGT G 3′；

② H1：5′ GAG GAA CAG GTT TCG TAT AGT ACA GCG TGA TTT GGC TGT ACT ATA CGA AAC CTG 3′；

③ H2：5′ GCT GTA CTA TAC GAA ACC TGT TCC TCC AGG TTT CGT ATA GTA CAG CCA AAT CAC 3′。

4. 实验步骤

1) Cas12a/crRNA 预组装与荧光报告体系的建立

检测前需进行 Cas12a/crRNA 预组装。用移液器取 0.25 μL LbCas12a 蛋白 (220 ng/μL)，5 μL crRNA (400 nmol/L)，5 μL 荧光报告探针 FQ－reporter (10 μmol/L)，2 μL Cas 反应缓冲液，加去离子水混合至终体积 19.5 μL。该溶液在 25 ℃下孵育 20 min，于 4 ℃保存备用。

2) 妥布霉素诱发 HCR 扩增

将 AP、H1 和 H2 分别在 Tris－Na 缓冲液中稀释至浓度为 10 μmol/L 后，在恒温孵育器上 95 ℃加热 5 min。溶液缓慢降至室温备用。取 0.8 μL 制得退火的 AP 溶液，加入 2.0 μL 不同浓度的妥布霉素标准溶液或待测溶液，1.0 μL 制得退火的 H1，1.0 μL 制得退火的 H2，使用 HCR 反应缓冲液补齐到终体积 20 μl，并在 37 ℃下孵育反应 2 h。

3) CRISPR/Cas12a 切割报告探针与妥布霉素定量检测

用移液器取 0.5 μL HCR 反应液，加入 19.5 μL Cas12a/crRNA 组装液，混匀后在 37 ℃下孵育 30 min。制得的反应液，在 65 ℃灭活 10 min。使用荧光分光光度计 (ALLSHENG，Fluo－200)在激发波长 $Ex=470$ nm 下测定反应液荧光强度。设置激发波长为 480 nm，扫描范围为 500~600 nm，测量 520 nm 处的荧光强度。根据标准液中妥布霉素浓度与荧光强度的线性关系，绘制标准曲线，计算待检测溶液中妥布霉素的含量。

5. 注意事项

(1) 配置 Cas12a 反应液时，应将装有 Cas12a 与 crRNA 的储存管置于冰上，防止其失活，并在超净工作台下进行，防止 crRNA 降解。

（2）实验全程应当穿着实验服，佩戴手套和口罩，防止 crRNA 降解。

6. 思考题

除了利用 FQ 荧光报告探针，还有什么方法用于 CRISPR/Cas12a 系统信号表征？

实验 13　牛奶中酪蛋白的提取及测定

1. 实验目的

（1）学习用等电点沉淀法从牛奶中制备酪蛋白的方法，加深对蛋白质等电点性质的理解。

（2）掌握 pH 沉淀反应测定蛋白质等电点的操作方法。

（3）掌握考马斯亮蓝法测定蛋白质浓度的基本原理与技术。

2. 实验原理

蛋白质是两性电解质，蛋白质分子的解离状态和解离程度受溶液的酸碱度影响。当溶液的 pH 达到一定数值时，蛋白质颗粒上正负电荷的数目相等，在电场中，蛋白质既不向阴极移动，也不向阳极移动，此时溶液的 pH 称为此种蛋白质的等电点。不同蛋白质各有特异的等电点。在等电点时，蛋白质的理化性质都有变化，可利用此种性质的变化测定各种蛋白质的等电点，最常用的方法是测定其溶解度最低时的溶液 pH。实验观察在不同 pH 溶液中的溶解度以判断酪蛋白的等电点。通过向不同 pH 的缓冲液中加入酪蛋白后，沉淀出现最多的缓冲液的 pH 即为酪蛋白的等电点。

蛋白质是一种稳定的亲水胶体，一方面由于在水溶液中蛋白质颗粒表面形成一个水化层；另一方面，蛋白质颗粒在非等电点状态时带相同电荷，颗粒之间相互排斥，不致互相凝集沉淀。但是调节蛋白质溶液的 pH 至等电点，此时若再加脱水剂或加热，蛋白质颗粒表面的电荷层和水化层被破坏，蛋白质分子就相互凝聚而析出。等电点沉淀法主要利用两性电解质分子在等电点时溶解度最低的原理，而多种两性电解质具有不同等电点而进行分离的一种方法。

牛奶是一种乳状液，主要由水、脂肪、蛋白质、乳糖和盐组成。酪蛋白是牛奶中的主要蛋白质（含量约为 35 g/L），是一种含磷蛋白质的复杂混合物，等电点 pI 约为 4.7。利用等电点时蛋白质溶解度最低的性质，将牛乳的 pH 调至 4.7，酪蛋白就沉淀出来。用乙醇洗涤沉淀，除去脂类杂质后便可得到较纯的酪蛋白。但单独利用等电点沉淀法来分离生化产品效果并不太理想，因为即使在等电点时，有些两性物质仍有一定的溶解度，并不是所有的蛋白质在等电点时都能沉淀下来，特别是同一类两性物质的等电点十分接近时。生产中常与有机溶剂沉淀法、盐析法并用，这样的沉淀效果更好。

考马斯亮蓝 G250 测定蛋白质含量属于染料结合法的一种。考马斯亮蓝 G250 在酸性溶液中呈棕红色，最大吸收峰在 465 nm；当它与蛋白质通过范德华键结合成复合物时变为蓝色，其最大吸收峰移至 595 nm，而且消光系数更大。在一定蛋白质浓度范围内（1～1 000 μg/mL），蛋白质-染料复合物在 595 nm 处的光吸收与蛋白质含量成正比，故可用于蛋白质的定量测定。蛋白质与考马斯亮蓝 G250 的结合十分迅速，约 2 min 即可完全反应，其复合物在 1 h 内保持稳定。由于蛋白质-染料复合物具有很高的消光系数，因此大大提高了蛋白质测定的灵敏度（最低检出量为 1 μg）。由于染色法简单迅速，抗干扰性强，灵敏度高，线性关系好，是一种快速测定微量蛋白质的方法。

本实验以牛奶为实验材料，综合了 pH 沉淀反应测定酪蛋白等电点，依据此等电点从牛奶中提取酪蛋白，并用考马斯亮蓝法测定所提取的酪蛋白含量等系列操作。

3. 仪器与材料

（1）仪器：离心机、可见分光光度计、布氏漏斗、抽滤瓶、研钵、表面皿、量筒、刻度吸管、烧杯、试管及试管架、滴管等。

（2）材料：消毒牛奶；0.5%酪蛋白醋酸钠溶液：取纯酪蛋白 0.25 g 于 50 mL 容量瓶中，加蒸馏水 20 mL 及 1 mol/L NaOH 5 mL（必须准确），混摇使之溶解，再加 1.00 mol/L 醋酸溶液 5 mL（必须准确），摇匀使酪蛋白完全溶解，最后用蒸馏水稀释至刻度，混匀即可得到略显浑浊的 0.5%酪蛋白醋酸钠溶液；1.00 mol/L 醋酸溶液；0.10 mol/L 醋酸溶液；0.01 mol/L 醋酸溶液；95%乙醇；0.2 mol/L pH 4.7 醋酸-醋酸钠缓冲溶液；乙醇-乙醚等体积混合液；无水乙醚；标准浓度酪蛋白溶液（10.0 mol/L）：准确称取酪蛋白 7 g，加 0.2 mol/L NaOH 250 mL，于 40～50 ℃水浴中搅拌完全溶解，加蒸馏水至 500 mL，用凯氏定氮法测定该蛋白质溶液的浓度，然后稀释至标准浓度 10.0 mol/L，装入试剂瓶，-4 ℃保存备用；考马斯亮蓝试剂：称取考马斯亮蓝 G250 100 mg，加 95%乙醇 50 mL，溶解后加入 85%H_3PO_4（W/V）100 mL，加水稀释至 1 000 mL，保存于棕色瓶中。

4. 实验步骤

1）酪蛋白等电点的测定

（1）取同样规格的试管 5 支，按表 13.1 所示顺序分别精确地加入各试剂，然后混匀。

表 13.1　酪蛋白等电点测定

试剂/mL	试管号				
	1	2	3	4	5
蒸馏水	3.4	1.5	3.0	—	2.4
1.0 mol/L 醋酸	—	—	—	—	1.6
0.1 mol/L 醋酸	—	—	1.0	4.0	—
0.01 mol/L 醋酸	0.6	2.5	—	—	—
溶液 pH	5.9	5.3	4.7	4.1	3.5
0.5%酪蛋白溶液（加一管摇匀一管）	1				
实验现象					

（2）静置 10 min 后观察各管的混浊程度，按混浊度不同，分别以“-、+、++、+++、++++”等符号表示。浑浊度表示符号参考：“-”表示不浑浊无沉淀，“+”表示浑浊无沉淀，“++”表示浑浊有沉淀，“+++”表示浑浊有颗粒状沉淀，“++++”表示浑浊有大块状沉淀等。

2）酪蛋白的制备

取新鲜牛奶20 mL，放入250 mL烧杯中加热至40 ℃。加入20 mL加热至同样温度的醋酸缓冲液，一边加一边摇动，并至pH为4.7（用0.2 mol/L NaOH或1.0 mol/L醋酸进行调整）。冷却至室温，继续放置5 min，然后用细纱布或滤纸过滤。滤液为乳清保留以下做鉴定。过滤所得沉淀物，用少量蒸馏水洗几次，过滤。将洗净的沉淀物悬浮在约10 mL乙醇中，用布氏漏斗抽滤。所得沉淀用乙醇和乙醚等量混合液洗涤两次，抽干。最后用10 mL乙醚洗一次并抽干。取出抽干的粉状物，摊开在表面皿上，使乙醚完全挥发。称其干重计算其产量。

3）酪蛋白浓度的测定

（1）标准曲线的制作。

取6支试管，按表13.2所示进行编号并加入试剂。

表13.2 标准曲线制作编号

试剂	试管编号					
	1	2	3	4	5	6
标准酪蛋白溶液/mL	0	0.2	0.4	0.6	0.8	1.0
蒸馏水/mL	1.0	0.8	0.6	0.4	0.2	0
蛋白质含量/(μg/mL)	0	200	400	600	800	1 000
考马斯亮蓝试剂/mL	5.0	5.0	5.0	5.0	5.0	5.0

各试管充分振荡混匀并于595 nm测定光吸收值（以1号试管为空白对照）。以A_{595}为纵坐标，标准蛋白含量为横坐标，绘制标准曲线。

（2）样品中酪蛋白的测定。

称取从牛奶中提取的酪蛋白0.1 g，置于100 mL烧杯加5 mL 0.2 mol/L NaOH溶液，搅匀，隔水加热，溶解后转移至100 mL容量瓶中，用少量蒸馏水洗烧杯数次，洗液并入容量瓶中，最后加水至刻度处，摇匀，置于冰箱中保存备用。

样品中酪蛋白的测定方法步骤与上述标准曲线制作过程的6号管相同，仅用配制的酪蛋白溶液1.0 mL代替标准酪蛋白样品，重复测定3管。

根据测定的样品酪蛋白的A_{595}值，在标准曲线上查出其对应的蛋白质含量，即为所测酪蛋白溶液的浓度（μg/mL）。

5. 注意事项

（1）整个实验操作过程中，各种试剂的浓度和加入量必须准确。

（2）应用等电点沉淀法来制备酪蛋白时，调节牛奶液的等电点一定要准确，而且牛奶与缓冲液均要预热，缓冲液要边加边搅拌。

（3）酪蛋白精制过程用的乙醚是具有挥发性、有毒的有机溶剂，最好在通风橱内操作。

（4）在热处理牛奶过程中可能有一些乳清蛋白沉淀出来，其沉淀依热处理条件不同而有差异。因此，测定出来的酪蛋白值可能要高于相应的实际值或理论值。

6. 思考题

（1）何谓蛋白质等电点？为何蛋白质在等电点时溶解度最低？

（2）计算酪蛋白提取得率：

得率=(测定含量/理论含量)×100%，式中测定含量：酪蛋白克数/100 mL 牛奶；理论含量：3.5 g/100 mL 牛奶。操作中如何提高酪蛋白得率？

（3）计算考马斯亮蓝法测定的酪蛋白浓度。

实验 14　食用菌多糖的制备与抗氧化活性

14.1　多糖的制备

1. 实验目的

了解多糖提取和纯化的一般方法。

2. 实验原理

真菌多糖主要是细胞壁多糖，多糖组分主要存在于其形成的小纤维网状结构交织的基质中，利用多糖溶于水而不溶于醇等有机溶剂的特点，通常采用热水浸提后用乙醇沉淀的方法，对多糖进行提取。影响多糖提取率的因素很多，如浸提温度、时间、加水量以及脱除杂质的方法等都会影响多糖的得率。微波萃取是利用微波电磁场的作用通过分子间的摩擦和碰撞产生热量，从而使固体或半固体物质中的某些有机物成分被加热并与基体有效分离，同时能保持分析对象的原本化合物状态的一种分离方法。物料在微波辐射下吸收微波能，细菌内部的温度将迅速上升，从而使细胞内部的压力超过细胞壁膨胀所能承受的能力，最终使细胞破裂，细胞内的有效成分自由流出，溶解于萃取剂中。而且微波所产生的电磁场可以加大被萃取组分的分子由固体内部向固液界面扩散的速率。微波萃取具有试剂用量少、加热均匀、热效率高、不存在热惯性、工艺简单及回收率高等优点，被誉为“绿色提取工艺”。

多糖的纯化，就是将存在于粗多糖中的杂质去除而获得单一的多糖组分。一般是先脱除非多糖组分，再对多糖组分进行分级。常用的去除多糖中蛋白质的方法有 Sevag 法、三氟三氯乙烷法、三氯乙酸法，这些方法的原理是使多糖不沉淀而使蛋白质沉淀，其中 Sevag 法脱蛋白效果较好，它是用氯仿与戊醇或丁醇，以 4∶1 比例混合，加到样品中振摇，使样品中的蛋白质变性成不溶状态，用离心法除去。本实验采用 Sevag 法进行脱蛋白，再用透析法进行纯化，浓缩后冻干。

3. 仪器与材料

（1）仪器：粉碎机、旋转真空蒸发仪、恒温振荡器、冷冻干燥机、微波炉、透析袋、恒温水浴锅、烧杯、玻璃棒、离心机。

（2）材料：硫酸、蒽酮、氯仿、正丁醇、95%乙醇、活性炭、食用真菌子实体。

4. 实验步骤

1）粗多糖的提取

将食用菌子实体于 80 ℃烘至恒重后称重，粉碎机粉碎后加入蒸馏水，微波处理，离心（4 000 r/min，15 min）取上清液（沉淀两次，合并上清液），真空蒸发仪浓缩至 10 mL，1/2 体积 Sevag 试剂（氯仿∶正丁醇的体积比=4∶1），离心（4 000 r/min，15 min），上清液透析，加入 3 倍体积无水乙醇沉淀(4 ℃静置 12 h),离心(4 000 r/min,15 min),无水乙醇洗涤沉淀(重复两次),冷冻干燥沉淀,多糖粗提物。

2）单因素实验

微波处理时间对食用菌多糖得率的影响：在液料比为 40∶1（mL/g)、微波功率 600 W 的条件下,设置微波处理时间为 1 min、2 min、3 min、4 min、5 min。计算各微波处理时间下的多糖得率。

液料比对食用菌多糖得率的影响：在微波功率为 600 W、微波处理时间为 3 min 的条件下,设置液料比 20∶1(mL/g)、30∶1（mL/g)、40∶1（mL/g)、50∶1（mL/g)、60∶1（mL/g)。计算各液料比下多糖得率。

微波功率对食用菌多糖得率的影响：在液料比为 40∶1（mg/g)、微波处理时间为 3 min 条件下,设置微波功率为 400 W、500 W、600 W、700 W、800 W。计算各微波功率下的多糖得率。

3）正交实验

（1）在单因素实验的基础上,以多糖得率作为考察指标,选取微波功率(W)、微波处理时间(min)、液料比(mL/g)作为考察因素,各取 3 个水平,进行 $L_9(3^3)$ 正交实验,以确定多糖的最优提取工艺条件。正交实验因素与水平设计如表 14.1 所示。

表 14.1　正交试验因素与水平设计

水　平	因　　素		
	A 微波功率/W	*B* 微波时间/min	*C* 液料比/(mL/g)
1	500	2	30∶1
3	700	3	40∶1
3	800	4	50∶1

（2）多糖得率和多糖纯度的计算。

多糖得率(%)=粗多糖干重(M_1)/子实体干重(M_2)。

多糖纯度(μg/g)：取多糖粗提物,用蒸馏水溶解至适当体积 V(mL),蒽酮硫酸法测得 620 nm 波长下吸光度,查询标准曲线即可得多糖粗提物水溶液的浓度 c(μg/mL),根据公式计算多糖纯度：$(cV)/M$。

（3）正交实验结果。

将实验结果记录于表 14.2 中。

表 14.2　正交实验结果

实验号	因　　素			多糖得率/%
	A	*B*	*C*	
1	1	1	1	
2	1	2	2	
3	1	3	3	

续表

实验号	因素			多糖得率/%
	A	B	C	
4	2	1	2	
5	2	2	3	
6	2	3	1	
7	3	1	3	
8	3	2	1	
9	3	3	2	
K_1				
K_2				
K_3				
R				

3个因素对多糖得率的影响主次顺序为____>____>____，最佳多糖提取工艺条件为A________B________C____，验证多糖得率为________，纯度为________。

（4）按最佳组合条件，重新做提取实验，以验证该工艺的正确性。

5. 注意事项

在粗多糖溶液中加入氯仿-正丁醇混合溶液进行充分振摇，将游离蛋白变性成为不溶性物质，经离心分离去除，可达到去除的目的。该操作须在温和条件下进行，否则会引起多糖的变性，进而影响多糖结构和生物学的活性研究。

6. 思考题

（1）乙醇沉淀法提取多糖的关键条件及原理是什么？

（2）多糖进一步分离纯化的方法有哪些？

（3）多糖提纯中去除蛋白的方法有哪些？

14.2 多糖的组分分析

1. 实验目的

了解薄层层析法分析单糖组分的原理和方法。

2. 实验原理

将多糖水解后采用薄层层析法分析单糖组分。薄层层析显色后，比较多糖水解所得单糖斑点的颜色和 R_f 值与不同单糖标样参考斑点的颜色和 R_f 值，确定样品多糖的单糖组分。

3. 仪器与材料

（1）仪器：数显恒温水浴锅、玻璃板、烧杯、漏斗、滤纸、玻璃棒、离心管、点样器、烘箱、喷雾器、层析板、层析缸、鼓风干燥箱。

（2）材料：

① 浓硫酸、氢氧化钡、多糖、各种单糖标准品。

② 展开剂：乙酸乙酯、无水乙醇、水、吡啶以 8∶1∶2∶1 比例混合。

③ 显色剂：1,3-二羟基萘硫酸溶液（0.2% 1,3-二羟基萘乙醇溶液与浓硫酸以体积比 1∶0.04 混合）。

④ 0.3 mol/L 磷酸二氢钠溶液、1 mol/L 硫酸溶液、硅胶。

4. 实验步骤

（1）薄层板制备：称取硅胶 5 g 于 50 mL 烧杯中，加入 12 mL 0.3 mol/L 磷酸二氢钠溶液，用玻璃棒慢慢搅拌至硅胶分散均匀，铺在玻璃板（7.5 cm×10 cm）上，110 ℃活化 1 h。置于有干燥剂的干燥箱中备用。

（2）点样：取少许的多糖（约 0.1 mL）于离心管中，加入 1 mol/L 硫酸溶液 1 mL，于沸水浴水解 2 h，然后加氢氧化钡中和至中性，过滤，滤液即为多糖水解产物。以此水解液和单糖标准品进行点样，薄层层析展开。用点样器点样于薄层板上，一般为圆点，点样基线距底边 2.0 cm，点样直径为 2~4 mm，点间距离为 1.5~2.0 cm，点间距离可视斑点扩散情况以不影响检出为宜。点样时注意勿损伤薄层表面。

（3）展开：展开室需预先用展开剂饱和，将点好样品的薄层板放入展开室的展开剂中，浸入展开剂的深度为距薄层板底边 0.5~1.0 cm（切勿将样点浸入展开剂中），密封室盖住，等展开至规定距离（一般为 10~15 cm）后，取出薄层板，晾干。

（4）显色：将展开晾干后的薄层板置于 100 ℃烘箱内烘烤 30 min，将显色剂均匀地喷洒在薄层板上，此板在 110 ℃下烘烤 10 min 即可显色。

（5）鉴定：薄层显色后，计算各层析点的 R_f 值，将样品图谱与标准样图谱进行比较，参考斑点颜色、相对位置及 R_f 值，确定样品中单糖的种类。

5. 注意事项

层析前应保证层析缸内有充分的饱和蒸汽，否则由于展开剂的蒸发，会使其各组分的比例发生改变而影响色谱效果。由于溶剂的蒸发是从薄层中央向两边递减，导致溶剂呈弯曲状，使斑点在边缘的 R_f 值高于中部的 R_f 值，预先用展开剂饱和层析装置可以消除这种边缘效应。

6. 思考题

简述薄层层析的原理。

14.3 多糖的抗氧化活性

1. 实验目的

（1）学习并掌握多糖清除羟自由基的原理与方法。

（2）学习并掌握多糖清除 DPPH · 的原理与方法。

2. 实验原理

抗氧化剂就是任何以低浓度存在就能有效抑制自由基的氧化反应的物质，其作用机制可以是直接作用在自由基上，或是间接消耗掉容易生成自由基的物质，防止发生进一步反应。

羟自由基是氧化性最强的活性氧自由基，它几乎能与活细胞中任何生物大分子发生反应，且反应速度快、存在浓度低。Fenton 反应产生 · OH，反应式如下：

$$Fe^{2+} + H_2O_2 \longrightarrow Fe^{3+} + OH^- + \cdot OH$$

在反应体系中加入水杨酸，· OH 氧化水杨酸并产生紫红色产物 2,3 -二羟基苯甲酸和 2,5 -二羟基苯甲酸，该产物在 510 nm 处有强吸收，若加入羟基自由基清除剂，便会与水杨酸竞争与 · OH 的结合，并将其部分清除，从而减少有色产物的生成量，其吸光度与 · OH 的量成正比。吸光度越低，· OH 的清除效果越好。

1,1 -二苯基- 2 -苦肼基(1,1 - phenyl - 2 - picrylhydrazyl, DPPH ·)是一种稳定的以氮为中心的自由基，其乙醇溶液显紫色，最大吸收波长为 517 nm。当 DPPH · 溶液中加入自由基清除剂时，其单电子被捕捉而使溶液颜色变浅，呈黄色或淡黄色，其 517 nm 处的吸光度也变小，其变化程度与自由基清除程度呈线性关系，故该法可用清除率表示。清除率越大，表明该物质的抗氧化能力越强。

3. 仪器与材料

（1）仪器：紫外-可见分光光度计、数显恒温水浴锅、20 mL 具塞比色管。

（2）材料：

① 提取纯化的多糖样品。

② 1.8×10^{-3} mol/L $FeSO_4$：准确称取 0.05 g $FeSO_4 \cdot 7H_2O$，蒸馏水溶解并定容至 1 000 mL。

③ 1.8×10^{-3} mol/L 水杨酸乙醇溶液：准确称取 0.249 g 水杨酸，用无水乙醇溶解，蒸馏水定容至 1 000 mL。

④ 1×10^{-4} mol/L DPPH · 溶液：准确称取 10 mg DPPH ·，用无水乙醇溶解并定容至 250 mL，0~4 ℃避光保存。

⑤ 待测样品溶液：配制成一定浓度的多糖溶液。

⑥ 0.3% H_2O_2。

4. 实验步骤

1）多糖清除羟自由基的活性

（1）取多糖待测液 2 mL，加入 1.8×10^{-3} mol/L $FeSO_4$ 溶液 2 mL、1.8×10^{-3} mol/L 水杨酸-乙醇溶液 1.5 mL、0.3% H_2O_2 溶液 0.1 mL 摇匀，37 ℃下水浴 30 min，在 510 nm 波长处测定其吸光度 A_s，以空气作为空白调零。

（2）取蒸馏水 2 mL，加入 1.8×10^{-3} mol/L $FeSO_4$ 溶液 2 mL、1.8×10^{-3} mol/L 水杨酸-乙醇溶液 1.5 mL、0.3% H_2O_2 溶液 0.1 mL 摇匀后按步骤（1）的方法测定 510 nm 波长处的吸光度 A_0，以空气作为空白调零。

（3）按下式计算自由基的清除率：

$$自由基清除率(\%) = (A_0 - A_s)/A_0$$

2）多糖清除 DPPH·自由基的活性

（1）取多糖待测液 2 mL，加入 1×10^{-4} mol/L 的 DPPH·溶液 2 mL，摇匀后于室温下避光静置 30 min。在 517 nm 波长处测定其吸光度 A_1，以空气作为空白调零。

（2）取蒸馏水 2 mL，加入 1×10^{-4} mol/L 的 DPPH·溶液 2 mL，摇匀后按实验步骤（1）的方法测定 517 nm 波长处的吸光度 A_2。

（3）取蒸馏水 2 mL，加入待测多糖溶液 2 mL，摇匀后按步骤（1）的方法测定 517 nm 波长处的吸光度 A_0。

（4）按下式计算多糖样品对 DPPH·的清除率：

$$\text{DPPH}\cdot清除率(\%) = [A_0 - (A_1 - A_2)]/A_0$$

5. 注意事项

（1）在酸性条件下呈蓝色或接近蓝色的试剂会对实验的检测产生干扰，需尽量避免。

（2）样品中含有外加的较高浓度的铁盐或亚铁盐，会干扰测定。

（3）TPTZ 对人体有刺激性，请注意适当防护，穿实验服并戴一次性手套操作。

6. 思考题

（1）请查阅相关文献资料，思考还有哪些方法可用于测定食用菌多糖的抗氧化活性？

（2）多糖抗氧化活性不同测定方法的优缺点分别是什么？

实验 15　植物多糖红外光谱分析

1. 实验目的

掌握利用红外光谱分析多糖的原理和操作方法。

2. 实验原理

多糖是由单糖连接而成的多聚物。人们发现多糖及复合物在生物体内不仅作为能量资源和构成材料，更重要的是多糖参与了细胞的各种活动，具有多种生物活性，如降血脂、免疫调节、抗肿瘤、降血糖等。

物质分子的官能团的振动在红外光谱区有特征的吸收频率，红外吸收光谱图中的吸收峰的数目及所对应的波数是由吸光物质分子结构所决定的，是分子结构的特性反映。绝大多数有机物和无机物的基团振动频率都出现在中波红外区（波长：2. 5 ~ 25 mm，波数：4 000 ~ 400 cm^{-1}），因此中红外区是在化合物的结构研究中应用最多的区域。

中波红外区可分为特征频率区（4 000 ~ 1 300 cm^{-1}）和指纹区（1 300 ~ 400 cm^{-1}）两个区域。特征频率区（4 000 ~ 1 300 cm^{-1}）中的吸收峰主要是由基团的伸缩振动产生，有较强的特征性，主要用于鉴定官能团、帮助判断化合物的结构类型。指纹区（1 300 ~ 400 cm^{-1}）的峰主要是由单键［C—O、C—N 和 C—X（卤素原子）］等的伸缩振动、C—H 与 O—H 等含氢基团的弯曲振动及 C—C 骨架振动产生的。分子结构稍有不同，该区的吸收就有细微的差异，类似于每个人的指纹，因而称为指纹区，可用于区别结构类似的化合物。

3. 仪器与材料

（1）仪器：红外光谱仪、压片机、电子天平（0. 01 mg）、玛瑙研钵。

（2）材料：KBr、多糖。

4. 实验步骤

100 mg 烘干的 KBr 粉末于玛瑙研钵中，加入 1 ~ 2 mg 干燥的多糖样品，磨细混匀，红外干燥灯下烘干 10 min，取约 80 mg 均匀填入压片机模具中，加压（当压力达到 58. 84 MPa 时保压约 1 min），取出压好的透明薄片（直径为 13 mm、厚度为 0. 1 ~ 0. 2 mm），置于夹持器，将夹持器放入预热好的红外光谱仪的试样吸收池位置，起始透光率大于 50% 即可进行测量，（400 ~ 4 000 cm^{-1}）范围内进行红外光谱扫描，记录扫描结果。

5. 注意事项

KBr 固体试样在研磨过程会吸水，水的存在会产生光谱干扰。若有水分存在，试样压成片时易黏附在模具上不易取下,所以研磨后粉末应烘干一段时间。

6. 思考题

红外光谱分析多糖样品的原理是什么?

实验 16　苍术中多糖的提取、分离和鉴定

1. 实验目的

(1) 学习热水分离提纯多糖的基本原理和操作技术。

(2) 学习植物多糖的结构鉴定方法。

2. 实验原理

苍术是菊科植物茅苍术和北苍术的干燥根茎,具有燥湿健脾、祛风散寒之功效。多糖是苍术的主要活性成分之一,易溶于水,不溶或难溶于有机溶剂,因此在苍术水提液中加入乙醇使其从水提液中沉淀出来,实现初步分离得到粗多糖。

苯酚硫酸法是一种常用的多糖含量测定方法,其原理是基于多糖在浓硫酸的作用下先被水解成单糖,并迅速脱水生成糖醛衍生物。这些衍生物随后与苯酚反应生成橙黄色化合物,通过比色法测定该化合物的吸光度,从而计算出多糖的含量。

糖类由于其自身结构的原因导致紫外吸收很弱,因此如需使用紫外检测器检测单糖时需要进行衍生化处理。PMP 柱前衍生化是一种常用的单糖衍生化方法,通过与单糖上的羟基反应,将单糖转化为具有紫外吸收特性的衍生物,从而便于液相色谱检测。

3. 仪器与材料

(1) 仪器:高效液相色谱仪、C18 色谱柱、恒温水浴锅、旋转蒸发仪、电热鼓风干燥箱、高速离心机、氮吹仪、紫外分光光度计、磨粉机、冷凝管、圆底烧瓶。

(2) 材料:pH 试纸、苯酚、硫酸、盐酸、石油醚、氯仿、三氯乙酸、无水乙醇、甲醇、氢氧化钠、磷酸盐等。

苍术洗净、切薄片,低温烘干,粉碎,过 40 目筛,备用。

单糖标准品:甘露糖(Man)、鼠李糖(Rha)、葡萄糖醛酸(GlcUA)、半乳糖醛酸(GalUA)、葡萄糖(Glu)、半乳糖(Gal)、木糖(Xyl)、阿拉伯糖(Ara)和岩藻糖(Fuc)。

衍生化试剂:1-苯基-3-甲基-5-吡唑啉酮(PMP)。

4. 实验步骤

1) 脱脂

精密称取干燥后过目筛的苍术粗粉,用石油醚 5 倍体积加热回流 5 h 后趁热抽滤,弃去萃取液,药渣挥干石油醚后再加 5 倍体积的无水乙醇加热回流萃取 5 h,弃去萃取液。药渣低温干燥,脱脂后的苍术供多糖提取用。

2) 多糖的提取

脱脂苍术粉末,按料液比 1∶30、提取时间 2 h、提取温度 90 ℃加入去离子水进行提取,4 000 r/min 离心 20 min,上清液浓缩至原提取液体积的 1/10,加入 95%乙醇溶液,4 ℃醇沉

12 h，4 000 r/min 离心 20 min，弃上清液，冷冻干燥，得到粗多糖。

3）脱蛋白

采用三氯乙酸法脱除蛋白质。用少量蒸馏水溶解粗多糖，放入冰水浴中，搅拌下缓慢滴加20%的三氯乙酸至终浓度为3%，溶液不再产生浑浊，冰浴中静置4 h，可见下层有胶状蛋白质析出，以4 000 r/min 离心 10 min，弃去沉淀。将上清液装入透析袋中流水透析两天，浓缩，加入95%乙醇，于冰箱中静置12 h后以4 000 r/min 离心 10 min，取沉淀物，冷冻干燥，即得脱除蛋白质的苍术多糖。

4）苍术多糖的含量测定

精密称取干燥至恒重的葡萄糖标准品 15 mg 置于 10 mL 容量瓶中，以蒸馏水定容至刻度，配成 1.5 mg/mL 的葡萄糖标准母液，标准液分别稀释成 0、30、60、90、120、150、180 μg/mL 的溶液，定容于 50 mL 容量瓶中，测定时标准溶液及多糖样品溶液各取 0.2 mL 置于试管中，加入 0.4 mL 的苯酚溶液（50 g/L）混匀，迅速加入 2 mL 浓硫酸，振摇混匀，沸水浴中煮沸 15 min，冷却至室温后，于 490 nm 处测定吸光度，空白对照以蒸馏水代替糖溶液。以对照品溶液浓度为横坐标，吸光度测定值为纵坐标，绘制标准曲线。根据标准曲线的线性方程，计算得出样品浓度。

5）苍术多糖的单糖组成分析

称取 Man、Rha、GluUA、GalUA、Glu、Gal、Xyl、Ara、Fuc 共 9 种单糖，用去离子水配制成 1 mmol/mL 的单糖标准品溶液。将提取得到的苍术多糖配制成 1 mg/mL 的溶液，置于试管中，加 2 mol/L 的三氟乙酸溶液 2 mL，混匀后封口，于 110 ℃加热水解 6 h。在水解液中加入甲醇，用氮吹仪吹干，除去三氟乙酸，重复 3 次，加入 2 mL 纯水复溶，得多糖水解液。取 2 mL 单糖混合标准品溶液置于离心管中，分别加入 1 mL 0.5 mol/L 的 PMP 甲醇溶液和 0.2 mol/L 的 NaOH 溶液，混合均匀，70 ℃水浴 1 h，冷却至室温，用 0.2 mol/L 的 HCl 溶液调节 pH 至中性，再加氯仿萃取 3 次，收集水层后通过 0.45 μm 微孔膜，完成衍生，备用。将苍术多糖水解液按单糖标准品的处理方法进行多糖溶液的衍生。

使用 C18 色谱柱（250 mm×4.6 mm，5 μm）或相当者进行液相色谱，流动相系磷酸盐缓冲液与乙腈按 83：17 的体积比混合的溶液，检测波长 250 nm，流速 1 mL/min，柱温 25 ℃，进样量 10 μL，采集 0~40 min 的色谱图。以单糖标准品的出峰时间为标准，分析苍术多糖的单糖组成。

5. 注意事项

（1）多糖在热水回流提取时，注意补足失重。

（2）苯酚硫酸法测定糖含量时，做好个人防护。

（3）单糖衍生处理完以后，尽快分析样品。

6. 思考题

（1）多糖提取时，加入 95%乙醇溶液后，为什么在 4 ℃下醇沉？

（2）脱蛋白过程中，透析的作用是什么？

（3）单糖组成分析中，为什么在水解液中加入甲醇来除去三氟乙酸？

实验 17　麦芽中多种真菌毒素的含量测定

1. 实验目的

(1) 掌握真菌毒素前处理方法的基本原理和操作技术。

(2) 掌握液质联用仪的检测原理和分析步骤。

2. 实验原理

麦芽是一种常见的药食同源中草药,它是以禾本科植物大麦(*Hordeum vulgare L.*)的成熟果实为原料,用水浸泡后,在适宜的温度、湿度条件下发芽、干燥而得。麦芽具有回乳消胀的功效,可用于妇女断乳。此外,麦芽及其炮制品还具有消食化积的功效,可作为日常保健茶饮。然而,大麦在田间生长、贮存和发芽期间,容易被多种真菌毒素污染。真菌毒素为产毒真菌的次级代谢产物,具有多种毒性,危害人体健康。因此,评估麦芽中真菌毒素的污染情况,从而评价其安全性十分重要。

采用乙腈-水-甲酸溶液同时提取试样中多种真菌毒素,经免疫亲和柱净化、浓缩、定容和过滤后,超高效液相色谱分离,串联质谱检测,外标法定量。

3. 仪器与材料

(1) 仪器: 超高效液相色谱串联质谱仪(UPLC - MS/MS)、离心机、氮吹仪、超声波清洗仪、水浴恒温振荡器、高速粉碎机、复合免疫亲和柱、气控操作架、烧杯、离心管、移液枪、0.22 μm 有机滤膜、进样小瓶。

(2) 材料: 真菌毒素标准品黄曲霉毒素 B1(AFB_1)、脱氧雪腐镰刀菌烯醇(DON)、伏马毒素 B1(FB_1)、T - 2 毒素(T - 2)、玉米赤霉烯酮(ZEN)、赭曲霉毒素 A(OTA)、乙腈(LCMS 级)、甲醇(LCMS 级)、乙酸铵(LCMS 级)、甲酸(LCMS 级)等。

4. 实验步骤

1) 真菌毒素标准溶液的配制

标准品储备液: 将 AFB_1、DON、FB_1、T - 2、ZEN、OTA 标准品,用甲醇溶解并稀释成浓度均为 100 μg/mL 的标准品储备液,置于-20 ℃下保存。

混合标准品工作液: 吸取适量标准储备液,用 20% 乙腈-水稀释成混合标准工作液,使 DON 的浓度分别为 18.75、37.50、75.00、187.50、375、750、1 500 ng/mL, FB_1 的浓度分别为 2.50、5.00、10.00、25.00、50.00、100、200 ng/mL, AFB_1、T - 2 和 OTA 的浓度分别为 0.25、0.50、1.00、2.50、5.00、10.00、20.00 ng/mL, ZEN 的浓度分别为 2.50、5.00、10.00、25.00、50.00、100、200 ng/mL,现配现用。

2) 样品制备

称取 5.0 g 样品,加入 20 mL 含 1% 甲酸的乙腈-水(8 : 2, *V/V*)溶液,用涡旋振荡器以

200 r/min 的速度混匀 20 min，然后 8 000 r/min 离心 5 min，收集上清液 a。取 10 mL 上清液 a 并加入 70 mL 0.05 mol/L PBS 溶液(pH 7.3)，再以 8 000 r/min 离心 5 min，收集上清液 b。

将免疫亲和柱连接在气控操作架上，用 10 mL 超纯水以 2 滴/s 的速度洗涤柱子两次，然后用 3.0 mL 甲酸-甲醇溶液(2∶98，V/V)以 1 滴/s 的速度洗脱。收集洗脱液并在 50 ℃下用氮气吹干。最后，用 1.0 mL 乙腈-水-甲酸(35/64.5/0.5，V/V/V)溶液将残留物复溶。过 0.22 μm 滤膜于进样小瓶中供 UPLC-MS/MS 分析。

3）UPLC-MS/MS 分析

采用 C18 色谱柱(2.1 mm×100 mm i.d.，2 μm)或相当者。流动相包括(A) 0.1%甲酸-1 mmol/L 乙酸铵水溶液和(B) 甲醇，流速为 0.2 mL/min，进样量为 5.0 μL，柱温为 40 ℃。流动相洗脱梯度从 20% B 开始，在 5 min 内从 20% B 线性增加到 95% B，并在 95% B 保持 4 min，然后在 2 min 内从 95% B 线性下降到 20% B。在电喷雾离子化(ESI)正负模式下，通过多重反应监测(MRM)测定 6 种真菌毒素。其余质谱参数为毛细管电压(4.0 kV)、离子源温度(300 ℃)、脱溶剂温度(526 ℃)、雾化气体流速(3.0 L/min)和加热气体(10 L/min)。

4）定性测定

试样中目标化合物色谱峰的保留时间与相应标准色谱峰的保留时间相比较，变化范围应在±2.5%之内。

每种化合物的质谱参数至少应包括一个母离子和两个子离子，6 种真菌毒素的质谱参数如表 13.1 所示。

表 13.1　6 种真菌毒素的质谱参数

真菌毒素	母离子 (m/z)	定量子离子 (m/z)	碰撞能量 /V	定性子离子 (m/z)	碰撞能量 /V	ESI 模式
AFB_1	313.00	285.00	-24	241.00	-38	+
DON	297.15	249.10	-11	231.10	-12	+
FB_1	722.40	352.30	-34	334.15	-41	+
T-2	489.05	245.05	-25	326.95	-22	+
OTA	404.10	239.00	-22	358.10	-13	+
ZEN	317.10	175.20	24	131.10	29	-

5）标准曲线的制作

在 UPLC-MS/MS 分析条件下，将标准系列工作溶液由低到高浓度进样检测，以真菌毒素标准工作液浓度为横坐标，以峰面积积分值为纵坐标，得到标准曲线回归方程，其线性相关系数应大于 0.99。

6）试样溶液的测定

试样液中待测物的响应值应在标准曲线线性范围内，超过线性范围则应适当稀释后再进样分析。

7）分析结果表述

真菌毒素含量=检测浓度×稀释倍数

5. 注意事项

（1）真菌毒素具有多种毒性，实验过程中要注意个人防护。

（2）使用前，免疫亲和柱需回至室温 22~25 ℃。

（3）免疫亲和柱需 2~8 ℃储存，不得冻存。

（4）实验结束后，要正确处理实验废弃物，以防止污染环境。

6. 思考题

（1）在实验中，液相色谱的流动相中为什么加入甲酸和乙酸铵？它们的作用是什么？

（2）在实验中，收集洗脱液以后为什么要用氮气吹干？

（3）使用免疫亲和柱净化样液时，为什么先用水淋洗再用有机溶剂洗脱？

实验18　胰弹性蛋白酶的制备及活力测定

1. 实验目的

（1）学习弹性蛋白酶制备的方法。

（2）掌握弹性蛋白酶活性测定的原理。

2. 实验原理

弹性蛋白酶又称胰肽酶E，是一种肽链内切酶，根据它水解弹性蛋白的专一性又称为弹性水解酶。弹性酶为白色针状结晶，是由240个氨基酸残基组成的单一肽链，相对分子质量为25 900，等电点为9.5。其最适pH随缓冲体系而略异，通常为pH 7.4~10.3。

结晶弹性酶难溶于水，电泳纯的弹性酶易溶于水和稀盐酸溶液（可达50 mg/mL），在pH 4.5以下溶解度较小，增加pH可以增加溶解度。弹性酶在pH 4.0~10.5，于20 ℃较稳定，pH<6.0稳定性有所增加，冻干粉于5 ℃可保存6~12个月。在−10 ℃保存更为稳定。

弹性蛋白唯有弹性酶才能水解。弹性酶除能水解弹性蛋白外还可水解血红蛋白、血纤维蛋白等。许多抑制剂能使弹性酶活力降低或消失，如10^{-5} mol/L硫酸铜，7×10^{-2} mol/L氯化钠可抑制50%酶活力，氰化钠、硫酸铵、氯化钾、三氯化磷也有类似作用。上述抑制作用一般多为可逆。另外大豆胰蛋白酶抑制剂、血清或肠内非透析物等也有抑制作用。其他如硫代苹果酸、巯基琥珀酸、二异丙基氟代磷酸等均能强力抑制酶活力。

弹性酶广泛存在于哺乳动物胰脏，弹性酶原合成于胰脏的腺泡组织，经胰蛋白酶或肠激酶激活后才成为活性酶。本实验以新鲜猪胰脏为原料进行提取，然后再用离子交换层析法进行纯化，得到弹性酶。所得产品以刚果红弹性蛋白为底物采用比色法测其活力。

3. 仪器与材料

（1）仪器：组织捣碎机、电动搅拌器、布氏漏斗、剪刀、烧杯、量筒、纱布、玻璃棒、分光光度计、真空干燥器、pH计。

（2）材料：

① 0.1 mol/L pH 4.5醋酸缓冲液：无水NaAc 3.53 g与冰醋酸3.42 mL溶于水，稀释至1 000 mL，pH计校正。

② 1.0 mol/L pH 9.3氯化铵缓冲液：26.8 g氯化铵溶于500 mL水中，用浓氨水调整至pH 9.3。

③ pH 8.8硼酸缓冲液：取3.72 g硼酸和13.43 g硼砂溶于水中，稀释至1 000 mL，pH计校正。

④ pH 6.0磷酸缓冲液：取KH_2PO_4 6.071 g，NaOH 0.215 g溶于1 000 mL水，pH计校正。

⑤ 丙酮。

⑥ 刚果红弹性蛋白。

⑦ 弹性酶纯品。

⑧ Amberlite CG_{50} 树脂。

4. 实验步骤

1）预处理及细胞破碎

取冻胰脏，剪去脂肪，切成小块。称取 100 g 加入 50 mL 醋酸缓冲液（内含 0.05 mol $CaCl_2$），用组织捣碎机搅碎，静置活化。

2）提取

加入 200 mL 0.1 mol/L pH 4.5 醋酸缓冲液，25 ℃搅拌（机械搅拌）提取 1.25 h。离心（4 000 r/min，15 min）除去上层油脂及沉淀。用纱布挤滤，保留滤液。

3）树脂吸附

滤液中加 100 mL 蒸馏水及 40 g（抽干重）经过处理的 Amberlite CG_{50} 树脂，于 20~25 ℃搅拌吸附 2 h。倾去上层液体，树脂用蒸馏水洗涤。重复洗涤 5 次。

4）解析

树脂中加 50 mL 1.0 mol/L pH 9.3 氯化铵缓冲液，搅拌洗脱 1 h。洗脱过程中每隔 10 min 测一次 pH，整个过程需保证 $5.2<pH<6.0$，否则用氨水调节。经布氏漏斗滤过的洗脱液调节至 pH 7.0，置冰箱预冷 15 min。

5）成品收集

在−5 ℃条件下边搅拌边加入 2 倍体积冷丙酮，继续搅拌 2 min，低温静置 20 min，离心（3 000 r/min，15 min）收集沉淀，将沉淀移入离心试管中，用 10 倍量冷丙酮洗涤离心，再用 5 倍量乙醚洗一次，离心。置真空干燥器内用 P_2O_5 干燥得弹性酶粉，称重。

6）活力测定

活力单位定义：在 pH 8.8，37 ℃条件下作用 20 min，水解 1.0 mg 刚果红弹性蛋白的酶量定义为一个活力单位。

（1）标准曲线的制作：取 6 支试管按表 18.1 操作。

表 18.1　标准曲线制作操作

管号	1	2	3	4	5	0
刚果红弹性蛋白/mg	5	10	15	20	25	10
弹性酶液/mL	5	5	5	5	5	0
pH 8.8 硼酸缓冲液/mL	—	—	—	—	—	5
37 ℃水解 60 min（间歇搅拌 30 次）						
pH 6.0 磷酸缓冲液/mL	5	5	5	5	5	5
3 000 r/min×10 min 离心后取上清						
A_{495}						

注意：① 刚果红弹性蛋白称量需准确。

② 标准液中酶量是过量的，以保证水解完全。

(2) 样品测定：精确称取样品 5 mg 左右(如效价高可适当减少)置乳钵中,加 5 mL(先加少量)pH 8.8 硼酸缓冲液研磨至完全溶解。吸取 1 mL 于大试管中,用上述缓冲液配制约每毫升 5~10 单位的待测液,取 3 支试管按表 18.2 操作。

表 18.2　样品活力测定

管号	1	2	0
刚果红弹性蛋白/mg	6	6	3
pH 8.8 硼酸缓冲液/mL	4	4	5
待测酶液/mL	1	1	0
37 ℃水解 20 min(间歇搅拌 20 次以上)			
pH 6.0 磷酸缓冲液/mL	5	5	5
3 000 r/min×10 min 离心后取上清液			
A_{495}			

取平均吸收值由标准曲线查得单位数,再由稀释倍数加以换算出弹性酶比活,并折算总收率。

附：树脂处理：取干 Amberlite CG_{50} 树脂,水漂洗后加 5 倍体积 1 mol/L NaOH 搅拌 2 h,水洗至中性。加 5 倍体积 1 mol/L HCl 处理 2 h,水洗至中性,再用 0.1 mol/L pH 4.5 醋酸缓冲液平衡过夜。

5. 思考题

影响胰弹性蛋白酶吸收率的因素有哪些?

实验 19　凝胶层析法测定蛋白质的分子量

1. 实验目的

（1）掌握凝胶层析法测定蛋白质的原理。

（2）了解凝胶层析的一般操作方法。

2. 实验原理

凝胶层析（gel chromatography）的分离过程是在装有多孔物质（交联聚苯乙烯，多孔玻璃、多孔硅胶、交联葡萄糖等）填料的柱中进行的。柱的总体积为 V_A，它包括填料的骨架体积 V_{GM}，填料的孔体积 V_i，以及填料颗粒之间的体积 V_0。

当具有一定分子量分布的高聚物溶液从柱中通过时，较小的分子在柱中停留时间比大分子停留的时间要长，于是样品各组分即按分子大小顺序而分开，最先淋出的是最大的分子。

其定量关系：$V_e = V_0 + V_{i,\,ace}$

这里 V_e 是淋出体积，V_0 是粒间体积，$V_{i,\,ace}$ 是对某种大小的溶质分子来说可以渗透进去的那部分孔体积，$V_{i,\,ace}$ 是总的孔体积 V_i 的一部分，是溶质分子量的函数，它和 V_i 之比等于分配系数 K_d：

$$K_d = V_{i,\,ace}/V_i$$

从以上公式得到：$V_e = V_0 + K_dV_i$。

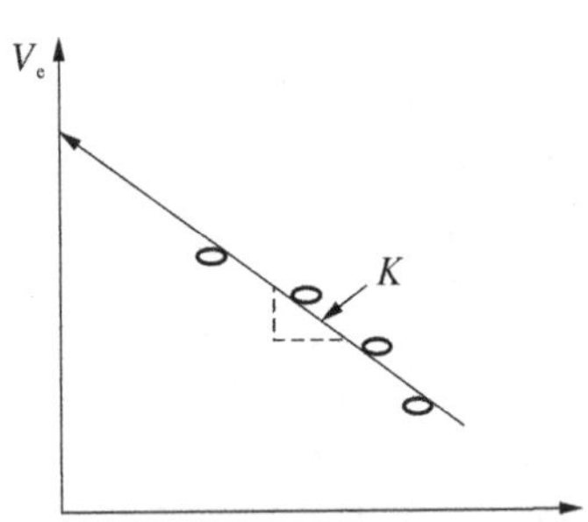

图 19.1　洗脱体积与分子量的关系

用凝胶过滤层析测定生物大分子的分子量，操作简便，仪器简单，消耗样品较少，而且可以回收。测定的依据是不同分子量的物质，只要在凝胶的分离范围内（渗入限与排阻限之间），洗脱体积 V_e 随分子量增加而下降。对于一个特定体系（凝胶柱），待测定物质的洗脱体积与分子量的关系符合公式：

$$V_e = -K\log M + C$$

式中 K 与 C 是常数，分别为直线方程的斜率和外推截距。由图可见，物质的洗脱体积与分子量呈负相关。只要测定洗脱液中具有该酶最大活力部分，然后确定其洗脱体积，即可从标准曲线中查出其分子量，如图 19.1 所示。

3. 仪器与材料

（1）仪器：层析柱、滴管、烧杯、离心管、紫外分光光度计、量筒、玻璃棒。

（2）材料：标准蛋白质（牛血浆清蛋白、鸡卵清蛋白、胰凝乳蛋白酶原 A）、0.025 mol/L 氯化钾-0.2 mol/L 乙酸溶液、SephadexG－100、待测蛋白样品、0.5%葡聚糖溶液。

4. 实验步骤

1）凝胶的准备与装柱

称取 8 g SephadexG－100 加蒸馏水 200 mL 溶解，沸水浴溶胀 5 h。用倾斜法除去凝胶水及细小颗粒，反复以蒸馏水洗涤直至无细小颗粒为止。装柱前将处理好的凝胶置真空干燥器中抽真空，以除尽凝胶中的空气。取 1.2 cm×25 cm 的洁净层析柱，先于底部填少许玻璃棉，加入 20 mL 洗脱液（本实验用 0.025 mol/L 氯化钾-0.2 mol/L 乙酸溶液），关闭柱开口，然后将溶胀后的凝胶搅匀并加入柱中，待柱底凝胶沉积高度为 2 cm 时，打开柱的开口，继续装柱至柱床高度为 95 cm 左右，关闭出口。装柱过程严禁产生气泡及柱床分层，如有气泡及柱床分层应重装。装完后，用玻棒轻轻搅动柱床表面层，待凝胶自然沉降形成平面后，在凝胶表面上放一片滤纸或尼龙滤布，以防在加样时凝胶被冲起。用洗脱液洗涤柱床半小时，使柱床稳定。

2）装柱效果检查及外水体积测定

将层析柱出口打开，使柱面上溶液流出，直至床面与液面刚好平齐为止。关闭出口，用滴管于床面中心滴加 10 滴 0.5%蓝色葡聚糖溶液，切勿搅动柱床表面。打开出口，使蓝色葡聚糖溶液进入柱床，且直至柱面与液面平齐，关闭出口。同上法加入 20 滴洗脱液，该洗脱液完全进柱后，再用洗脱液进行洗脱。蓝色葡聚糖进柱后，立即开始收集，同时观测蓝色葡聚糖在柱中的行为，若蓝色谱带较集中，表明装柱效果良好。

3）标准曲线的制定

蛋白质标准样品混合液：分别称取 3.0 mg 牛血浆清蛋白（分子量 67 000）、鸡卵清蛋白（分子量 43 000）、胰凝乳蛋白酶原 A（分子量 25 000），分别溶于 1.5 mL 0.025 mol/L 氯化钾-0.2 mol/L 乙酸溶液中。

上柱和洗脱：将标准样品分别上柱，然后用 0.025 mol/L 氯化钾-0.2 moL/L 乙酸溶液洗脱。流速 3 mL/10 min，3 mL/管，用部分收集器收集，紫外检测仪 280 nm 处检测。或收集后用紫外分光光度计于 280 nm 处测定每管 OD 值，以管号（或洗脱体积）为横坐标，OD 值为纵坐标绘出洗脱曲线。

根据洗脱峰位置量出每种蛋白质的洗脱体积（V_e），然后以蛋白质分子量的对数（$\lg M$）为横坐标，V_e 为纵坐标，作出标准曲线。

4）未知样品分子量的测定

完全按照标准曲线的条件操作，根据紫外检测的洗脱峰位置，量出洗脱体积，由标准曲线可查得样品的分子量。

5. 思考题

本实验如果采用生物胶，哪种型号合适？

实验 20　氯化血红素的制备及含量测定

1. 实验目的

（1）掌握氯化血红素制备的原理。

（2）了解血红素的药用价值。

2. 实验原理

血红素是高等动物血液、肌肉中的红色色素，由卟啉与 Fe^{2+} 结合而成，它与珠蛋白结合成血红蛋白。在体内的主要生理功能是载氧，帮助呼出 CO_2，还是 cty p450、ctyC、过氧化酶的辅基。血红素不溶于水，溶于酸性丙酮及碱性水中，在溶液中易形成聚合物，临床上常用作补铁剂和抗贫血药及食品中色素添加剂，另外可用于制备原卟啉来治疗癌症。

氯化血红素是天然血红素的体外纯化形式。实验室常用酸性丙酮分离提取法制备氯化血红素。首先使血球在酸性丙酮中溶血，抽提后再经浓缩、洗涤、结晶得到氯化血红素。工业上制取氯化血红素常用冰乙酸结晶法。血球用丙酮溶血后，制取血红蛋白，再用冰乙酸提取。在 NaCl 存在下，氯化血红素沉淀析出。

卟啉环系化合物在 400 nm 处有强烈吸收，称 Soret 带，其最大吸收波长对各种卟啉化合物是特征的，但溶剂对最大吸收波长也有影响，采用 0. 25% Na_2CO_3 作溶剂，在 600 nm 处有特征峰吸收，光吸收值与氯化血红素浓度的关系符合朗比定律。

3. 仪器与材料

（1）仪器：烧杯、抽滤瓶、布氏漏斗、离心机、旋转蒸发仪、水浴锅、锥形瓶、摇床、离心管、纱布、冷冻干燥机。

（2）试剂：新鲜猪血、4%柠檬酸钠、丙酮、0. 25% Na_2CO_3、95%乙醇、乙醚、浓 HCl、20%氯化锶、标准氯化血红素。

4. 实验步骤

1）酸性丙酮抽提

0. 8%柠檬酸三钠抗凝猪血 200 mL，3 000 r/min 离心 15 min，移液枪吸取上层血浆至离心管中保存，下层血球加 2～3 倍的蒸馏水，充分溶胀后，沸水浴 20～30 min，纱布过滤，滤渣加入含 3%盐酸的丙酮溶液 200 mL，摇床振摇抽提 30 min，抽滤，将滤液用旋转蒸发仪浓缩至原体积的 1/4～1/3，加入 20%氯化锶至终浓度为 2%，静置 15 min，3 000 r/min 离心 15 min，沉淀用 20 mL 水、20 mL 95%乙醇、乙醚各洗涤一次，真空干燥后得氯化血红素粗品，称重，计算收率。

2）含量测定

取标准氯化血红素，用 0. 25% Na_2CO_3 配制成浓度 0. 08 mg/mL 备用。取制备所得氯化血红素，用 0. 25% Na_2CO_3 配制成 0. 1 mg/mL 备用。按表 20. 1 所示浓度进行稀释，在 600 nm 处测定 OD 值，以 0.25% Na_2CO_3 溶剂作空白，根据所得数据计算氯化血红素含量。

表 20.1　氯化血红素含量测定

	标准氯化血红素						制备氯化血红素		
	1	2	3	4	5	6	7	8	9
Hemin 溶液/mL	0	0.8	1.6	2.4	3.2	4.0	1.0	2.0	3.0
0.25% Na_2CO_3/mL	4.0	3.2	2.4	1.6	0.8	0	3.0	2.0	1.0
Hemin 含量/(mg/mL)									
OD_{600}									

5. 思考题

影响氯化血红素吸收率的因素有哪些?

实验21　利用蚕豆根尖微核试验法进行安全毒理评价和环境检测

1. 实验目的

（1）了解DNA的Feulgen染色法原理。

（2）掌握植物细胞有丝分裂压片技术及有丝分裂各时期的主要特点，特别是染色体行为的规律性变化。

（3）了解一种简易建立微核诱导体系的方法，了解细胞微核形成的机理及其形态特点。

（4）掌握植物根尖细胞的微核检测技术。

2. 实验原理

微核（micronucleus）简称MCN，是真核类生物细胞中的一种异常结构，一般是处于分裂间期时游离于主核之外的小核，其物质构成和特性与主核一致，大小一般为主核1/3以下，是染色体畸变的一种表现形式。一般认为微核是由于致突变物作用于细胞核物质，导致有丝分裂期染色体断裂形成断片或者整条染色体脱离纺锤丝，这些丧失着丝粒的染色体断片或整条染色体在有丝分裂后期不能随正常染色体移向细胞两极，在分裂末期不能进入子细胞核，而滞留在细胞质中形成主核之外的核块。

由于大量新的化合物的合成、原子能应用、各种各样工业废物的排出，使人们很需要有一套高度灵敏、技术简单的测试系统来监视环境的变化。只有真核的测试系统更能直接推测诱变物质对人类或其他高等生物的遗传危害，在这方面，微核测试是一种比较理想的方法，且有研究显示，以植物进行微核测试与以动物进行的一致率可达99%。微核率的大小和用药的剂量或辐射累积效应呈正相关，这一点和染色体畸变的情况一样，因此，微核是常用的遗传毒理学指标之一，可用简易的间期微核计数来代替繁杂的中期畸变染色体计数，指示染色体或纺锤体的损伤。目前微核测试已广泛用于辐射损伤、辐射防护、化学诱变剂、新药试验、食品添加剂、染色体遗传疾病及癌症前期诊断等各方面。

蚕豆细胞染色体数目少（$2n=12$）且大，DNA含量高，因而对诱变物反应灵敏，微核效应易于观察，所以蚕豆是较为理想的实验材料。蚕豆根尖微核实验具有准确、快速、操作简便，有明显剂量效应关系，适合大批量样品检测的特点，已于1986年被中国国家环境保护局列为一种环境生物测试的规范方法，它作为一种环境变异的检测手段，在我国不少地区的环保部门和医疗卫生系统中都有广泛的应用。利用蚕豆根尖作为实验材料进行微核测试，可准确地显示各种处理诱发畸变的效果，并可用于污染程度的检测。

3. 仪器与材料

（1）仪器：生物显微镜、恒温水浴锅、恒温培养箱。

（2）材料：

① 松滋青皮豆。

② Carnoy 固定液：3 份无水乙醇加入 1 份冰醋酸，临用前现配。

③ 70%乙醇：量取无水乙醇 70 mL，用蒸馏水定容至 100 mL。

④ 5.0 mol/L HCl：量取 41.5 mL 盐酸（ρ=1.19 g/mL，37%）加入蒸馏水定容至 100 mL。

⑤ Schiff 试剂：在 100 mL 烧瓶中加入 5.0 mL 无水乙醇和 0.5 g 碱性品红，振荡溶解 10 min。将 2.5 g 偏重亚硫酸钠或偏重亚硫酸钾（$Na_2S_2O_5$或 $K_2S_2O_5$）溶解于 93 mL 蒸馏水后，加入上述烧瓶中混匀，继续加入 1.5 mL HCl，避光振荡至完全溶解，此时溶液呈浅黄色。再加入 0.2 g 活性炭粉，振荡 3 min，过滤溶液使之无色，保存备用。此溶液在 4 ℃冷藏避光可保存 6 个月，如溶液呈粉红色或出现沉淀，则不可再用。

⑥ SO_2漂洗液：w（$Na_2S_2O_5$或 $K_2S_2O_5$）= 0.5%。

称取 10.0 g 偏重亚硫酸钠或偏重亚硫酸钾溶于 90 mL 水中，得到 w（$Na_2S_2O_5$ 或 $K_2S_2O_5$）= 10%的溶液。分别吸取该溶液 5.0 mL 和 5.0 mol/L HCl 溶液 1 mL 于 100 mL 容量瓶中，用水定容至刻度，临用前现配。

⑦ 环磷酰胺参比溶液：ρ（$C_7H_{15}C_{12}N_2O_2P$）= 20.0 mg/L。

称取 0.107 g 环磷酰胺加入少量蒸馏水中，搅拌溶解后定容至 100 mL。吸取该溶液 20.0 mL，用水定容至 1 000 mL，临用前现配。

4. 实验步骤

1）蚕豆浸种催根

（1）浸种：将蚕豆种子放入盛有水的容器中，于恒温培养箱中（25±1）℃避光浸泡至豆种充分吸胀，浸种约需 1~2 d，期间每天换水。

（2）催根：待种子吸胀后，在容器中保持湿度（垫有并覆盖湿布），于恒温培养箱中（25±1）℃避光催根，几天后，挑选初生根长 2.0~3.0 cm 且生长发育良好的豆种，可以用来作为监测水源样品或监测药物溶液的诱变效应之用。

2）根尖处理

选取根尖生长良好的种子随机分组，确保根尖没入试样至少 1.0 cm，于恒温培养箱中（25±1）℃避光放置 6 h。

（1）阴性对照组：蒸馏水处理。

（2）测试组：被测液自行选择，可以是生活中常用溶液、环境溶液、需要测试的化合物，如测试液浓度过高，根尖如出现死亡、干枯、形态或颜色异常等急性毒性症状，则增加测试液急性毒性预试验；否则，直接进行后续试验。

急性毒性预试验：即样品按 10 倍稀释的方法制备成逐级稀释的系列试样，保证至少有一个稀释试样的所有根尖均不出现急性毒性症状。每一稀释试样取 5 粒催根后的豆种，进行根尖处理，在稀释的系列试样中找出最低急性毒性效应浓度 x，再分别按 2.5、5、10 倍稀释，得到 3 个稀释浓度，即 x/2.5、x/5、x/10，正式进入测试步骤，其中无急性毒性效应的最大浓度试样进入后续的试验步骤。

（3）阳性对照组：环磷酰胺参比溶液。

3）豆种培养

测试结束，取出豆种，蒸馏水浸洗 3 次（每次 5 min）后，于恒温培养箱中（25±1）℃避光恢复培养 24 h。

4）根尖固定

将修复培养后的蚕豆根尖剪下，放入 1.5/2 mL 塑料微量离心管中（同一测试样处理的根尖放入同一根管中），加 Carnoy 固定液固定 1~2 h，蚕豆根尖比较粗大，固定时间可适当延长，但最多不超过 24 h，如不能及时染色制片，则弃去 Carnoy 固定液，用蒸馏水洗净，更换为 70% 乙醇浸没，于冰箱内冷藏，72 h 内染色镜检。

5）孚尔根（Feulgen）染色

蒸馏水浸洗根尖 2 次，每次 5 min。加入 5.0 mol/L HCl 于塑料微量离心管中直至浸没根尖，加盖后放入 60 ℃恒温水浴锅中水解约 10 min，具体时间以根尖软化呈白色略带透明、镊子轻捏不破、有弹性为准。立即用蒸馏水浸洗上述根尖 2 次，每次 5 min，之后在微量离心管中加入 Schiff 试剂直至浸没根尖，避光条件下染色 1~2 h。弃除染液，用 SO_2漂洗液浸洗根尖 2 次，每次 5 min；再用蒸馏水浸洗根尖 2 次，每次 5 min。如不能立即制片，将根尖浸泡于新换的蒸馏水中，冰箱内冷藏，48 h 内制片镜检。

6）制片

在滤纸上吸净根尖表面水分，置于载玻片上，在根尖分生区组织部位加盖玻片，用拇指或铅笔的橡皮头轻压，使根尖细胞呈单层均匀分散状。

7）镜检

将制备好的压片置于生物显微镜下，低倍镜下观察找出根尖细胞接近方形或椭圆形、分布均匀、不重叠的区域，转入高倍镜下镜检。每一试样至少如表 21.1 所示观察统计 6 个根尖。

表 21.1　蚕豆根尖微核试验原始记录表

试样	浓度 （或稀释倍数）	镜检结果/个	根尖 1	根尖 2	根尖 3	根尖 4	根尖 5	根尖 6	……	微核率 均值/‰
阴性对照	/	1 000 个有丝分裂间期细胞微核数								
阳性对照	环磷酰胺 ρ=20.0 mg/L	1 000 个有丝分裂间期细胞微核数								
测试组	……	1 000 个有丝分裂间期细胞微核数								

8）有丝分裂细胞及微核判定

（1）细胞有丝分裂过程包含分裂间期和分裂期两个阶段，其中有丝分裂期细胞根据染色体的行为变化分为前期、前中期、中期、后期和末期。

（2）微核按照以下规则判定：① 大小为主核的 1/3 以下，且与主核分离或相切；② 着色反应和折光性与主核一致，内部有明显的染色质颗粒，色泽比主核稍浅或相当；③ 形态圆形、椭圆形或不规则。

形态类似微核，但不符合上述特征，尤其是折光性与主核不一致、内部无明显染色质颗粒、着色较深或过浅的颗粒即为伪微核。

9）结果计算与表示

将表 21.1 中微核测试原始记录表中的数据，按如下方法进行统计学处理。

（1）微核千分率（MCN ‰）。

某一测试样检测若干根尖，每个根尖观察 1 000 个有丝分裂间期细胞，统计微核数占观察细胞数的比率，计算平均数，以 ‰ 计，即为该处理的微核千分率。

$$\text{MCN‰} = \frac{\text{某测试样点（或对照）观察到的微核数}}{\text{某测试样点（或对照）观察到的细胞数}} \times 1\,000‰$$

MCN ‰ 在 10‰ 以下，表示基本没有污染；范围为 10‰~18 ‰的为轻度污染；范围为 18‰~30‰的为中度污染；30‰以上，则表示有重度污染。

（2）污染指标（pollution index）计算。

此方法可避免因实验条件等因素带来的 MCN ‰ 本底的波动，故较宜适用。

$$\text{污染指标（PI）} = \frac{\text{样品实测 MCN‰ 平均值}}{\text{对照组（标准水）MCN‰ 平均值}}$$

污染指数在 0~1.5 区间为基本没有污染；1.5~2 区间为轻度污染；2~3.5 区间为中度污染；3.5 以上为重度污染。

（3）如果被监测的样品不多，可直接用各测试样的 MCN ‰ 平均值与对照比较，采用 t -检验，从差异的显著性判断检测液致畸效果是否明显。

（4）如被测样品较多，可先以方差分析（F -检验）检测各测试样之间是否具有显著的差异。如果差异性显著，还可以进行各测试样的多重比较，以归纳划分不同级别的污染程度。

5. 注意事项

（1）水解时间：水解时间一定要合适，不宜过长或不足，否则会影响实验结果。水解时间的长短要随不同的材料及不同的固定剂而定。

（2）Schiff 试剂的质量：在做 Feulgen 反应时，一个重要的成功因素就是 Schiff 试剂的质量问题。实验时，要注意试剂颜色是否正常、有无 SO_2 的气味。

（3）洗涤剂的重要性：漂洗时，所用的亚硫酸水，最好在每次实验前临时配制，以便保持较浓的 SO_2。

（4）操作过程中，压片过程中尽量使根尖分生组织细胞保持原来的分布状态。

（5）测试液浓度一般控制在不引起急性毒性为宜，必要时需进行预试验。

6. 思考题

（1）绘制有丝分裂各个时期染色体形态的变化规律图。

（2）说明在植物细胞的微核检测实验中，进行 24 h 恢复培养的原因。

（3）描述产生微核的根尖分生区细胞，在前一次分裂的后期可能出现的分裂图像。

实验 22　动物血细胞的融合

1. 实验目的

（1）了解 PEG 诱导细胞融合的基本原理。

（2）通过 PEG 诱导的蛙血细胞之间的融合实验，初步掌握细胞融合技术。

2. 实验原理

细胞融合(cell fusion)又称细胞杂交(cell hybridization)，即在自然条件下或利用人工方法(生物的、物理的、化学的)，使两个或两个以上的细胞融合成一个具有双核或多核细胞的现象。细胞融合技术是细胞生物学、遗传学、基因定位、细胞免疫学、病毒学、肿瘤学等研究的重要手段，也是制备单克隆抗体细胞株的重要技术，对生命科学的研究及医学方面应用产生了重大的影响。

本实验主要介绍了化学融合剂聚乙二醇(polyethylene glycol, PEG)介导的细胞融合。PEG 是乙二醇的多聚化合物，其分子式为 $HOH_2C(CH_2OCH_2)_nCH_2OH$，存在一系列不同分子质量的多聚体(200~6 000，分子量大小会影响到不同细胞的融合效率)。由于 PEG 具有活性稳定、容易制备和控制等优点，已经成为应用最广泛的标准细胞融合液。

目前普遍认为聚乙二醇诱导细胞融合的机制：PEG 可与水分子借氢键结合，在高浓度(50%)的 PEG 作用下，其可能与邻近细胞膜周围的水分子结合，导致细胞脱水而降低细胞表面的极性，使细胞之间接触点处的膜脂类分子发生侧向流动和重排。由于细胞膜接触部位双分子层质膜的相互亲和以及彼此的表面张力作用使细胞发生融合。因此，PEG 用于细胞融合至少有两方面的作用：① 可促使细胞凝聚；② 破坏互相接触处的细胞膜的磷脂双分子层，使相互接触的细胞膜之间发生融合，进而细胞质沟通，形成一个大的双核或多核融合细胞。

为了发挥 PEG 促进细胞融合的效力，必须采用较多高浓度的 PEG 溶液，但在高浓度 PEG 溶液下细胞可能因脱水而受到显著的破坏，因此，选择合适的分子量、浓度及作用时间是 PEG 融合技术的关键。

3. 仪器与材料

（1）仪器：生物显微镜、恒温水浴器、台式低速离心机。

（2）材料：

① 牛蛙血。

② Alsever 溶液：葡萄糖 2.05 g，柠檬酸钠 0.80 g，NaCl 0.42 g，用柠檬酸溶液调节 pH 至 7.2，最后用蒸馏水定容至 100 mL。

③ GKN 溶液：NaCl 8 g，KCl 0.4 g，$Na_2HPO_4 \cdot 2H_2O$ 1.77 g，$NaH_2PO_4 \cdot 2H_2O$ 0.69 g，葡萄糖 2 g，溶于 1 000 mL 蒸馏水中。

④ 0.65% 生理盐水：NaCl 6.5 g 溶于 1 000 mL 蒸馏水中。

⑤ Ringer 溶液：NaCl 0.85 g，KCl 0.25 g，$CaCl_2$ 0.03 g，溶于 100 mL 蒸馏水中。

⑥ 1% Janus green B 染液（原液）：称取 50 mg Janus green B 溶于 5 mL Ringer 溶液，使之溶解，过滤后即 1% 原液。

取 1% 原液 1 mL 加入 49 mL Ringer 溶液混匀，即工作液，需现配现用。

⑦ 50% PEG：分别称取一定量的 PEG（M=4 000 和 M=6 000）放入刻度离心管中，沸水浴中加热熔化，待冷至 50 ℃时，加入等体积并预热至 50 ℃的 GKN 液混匀。配好后，用前保温于 37 ℃水浴中。注意 PEG 混合液需现配现用。

4. 实验步骤

（1）牛蛙血红细胞悬液的制备：用注射器吸入 1 mL 的 Alsever 溶液，从牛蛙心脏取血 1 mL 放入刻度离心管中，再加入 2 mL 的 Alsever 溶液（封口后 4 ℃冰箱内可保存 1 周）。

（2）取蛙血细胞悬液 1 mL 于 15 mL 有盖离心管内，加入 4 mL 0.65% 生理盐水，混匀平衡后，1 000 r/min 离心 5 min，弃上清液。

（3）加入 0.65% 生理盐水至 5 mL，混匀平衡后，1 000 r/min 离心 5 min，弃上清液。再按上述步骤重复离心洗涤 1 次，弃上清液。

（4）加 GKN 溶液 5 mL 混匀平衡后，1 000 r/min 离心 5 min，弃上清液。

（5）最后一次离心沉淀的血细胞中加 GKN 溶液（体积比 1：9）制成 10%细胞悬液。

（6）取血细胞悬液计数，用 GKN 调整细胞密度至 1×10^6 个/mL。

（7）分别取 2 支离心管，加入制备好的牛蛙血红细胞悬液各 1 mL，置于 37 ℃水浴锅中预热，同时也将 50% PEG（M=4 000 和 M=6 000）溶液分别放入水浴锅中预热备用。

（8）待温度恒定后，在 1 mL 血细胞悬液中分别缓慢逐滴加入 0.5 mL PEG（M=4 000 或 M=6 000）溶液（缓慢沿离心管壁加入），边加边摇匀（1 min 滴完），然后放入水浴中。

（9）融合 20~30 min 后，加入 GKN 溶液 8 mL，于 37 ℃水浴中静置 20 min 左右。

（10）取出离心管，1 000 r/min 离心 3 min，弃上清液，加 GKN 溶液再离心 1 次。

（11）弃上清液，加少量 GKN 溶液，混匀，取少量悬液于载玻片上，加入 Janus green B 染液，用牙签搅匀，3 min 后盖上盖玻片，观察细胞融合情况。

（12）融合率的计算。在高倍镜下随机计数 100 个细胞（包括融合的与未融合的细胞），以融合细胞（含两个或两个以上的细胞核的细胞）的细胞核数除以总细胞核数（包括融合与未融合的细胞核）即得出融合率。公式如下：

$$融合率=\frac{融合的细胞核数}{总细胞核数}\times 100\%$$

5. 注意事项

（1）制备的 50% PEG 溶液一定要保温在 37 ℃水浴中，否则冷却后易结晶析出。另外，细胞融合对温度很敏感，过高或过低的温度均不利于融合，最佳温度应控制在 37~39 ℃。

（2）在离心管中加 PEG 之前，一定要将离心管倒置在滤纸上，流尽剩余液体，否则残留液会改变 PEG 溶液的浓度，影响融合率。滴加 50% PEG 溶液时，要缓慢地逐滴加入，保证每加入一滴后立即充分混合，目的在于提高细胞间的融合率。

(3) 影响细胞融合的因素很多,其中对 PEG 的要求更严格。实验时最好选择相对分子质量在 1 500~6 000 的 PEG(视细胞种类不同而定,也可参考文献),其浓度以 50%为好。

(4) pH 也是影响细胞融合成功与否的关键因素之一,溶液 pH 应控制在 7.0~7.2。

6. 思考题

(1) 在显微镜下按顺序绘制所观察到的细胞融合各阶段,并注明主要特点。

(2) 计算本次实验测定的细胞融合率,并比较 50% PEG (M=4 000)和 50% PEG (M=6 000)对融合率的影响。

实验 23　细胞培养及细胞活力检测

23.1　细胞的原代培养和传代培养

1. 实验目的

（1）熟悉细胞原代培养和传代培养的基本操作方法。

（2）掌握培养过程中的无菌操作技术。

2. 实验原理

细胞培养是指无菌工作条件下，从生物体内提取组织或细胞，在体外模拟机体生理条件，提供适当的温度和一定的营养条件，使之能够生存，维持其结构和功能的同时能够生长繁殖的技术。通过细胞培养技术，可以在体外直接观察细胞在增殖、分化和衰老等过程中的形态变化，有利于进一步推动生物学功能研究。因此，细胞培养技术已成为现代生物学研究的重要手段，也是细胞工程最基本的技术。

1）原代培养

原代细胞培养指的是直接从生物体内获取组织或细胞进行首次培养，是获取细胞、建立各种细胞系的首要步骤。由于组织细胞刚离体，此时的细胞保持原有细胞的基本性质，如果是正常细胞，仍然保留二倍体数，所以在一定程度上能反映生物体内的生活状态。

我们通常把第一代至第十代以内的细胞培养统称为原代细胞培养。

常用的原代细胞培养方法主要是组织块培养法和分散细胞培养法两种。组织块培养法是将剪碎的组织块置于培养瓶/培养皿中，加入培养基后进行培养。分散细胞培养法是用胶原酶等生物酶消化处理组织块，制成单个细胞悬液，再加入培养基进行培养。

2）传代培养

当培养瓶/培养皿中的细胞增殖达到一定密度后，出现细胞接触抑制现象，即细胞的生长和分裂速度逐渐减慢甚至停止，此时需要通过传代来维持细胞的体外生长。传代培养指将一个培养瓶中的细胞按一定的比例分别接种到新的培养瓶中继续进行培养的过程。

不同类型细胞传代方式不尽相同，基本可分为下面几种。

（1）贴壁细胞：生长需贴附在培养瓶/培养皿特殊处理过的支持物表面才能生长增殖，多见于各类肿瘤细胞。一般通过酶消化法传代，常用的消化液有 0.25%的胰蛋白酶液。

（2）悬浮细胞：生长不依赖支持物表面，可在培养基中悬浮生长，如淋巴细胞，可使用离心法传代。

（3）半贴壁细胞：根据生长条件的不同可贴壁生长也可悬浮生长，比如 Hela 细胞。这类细胞部分呈贴壁生长现象，但贴壁不牢，可直接通过吹打的方式使细胞脱落传代。

3. 仪器与材料

（1）仪器：超净工作台、CO_2 培养箱、普通显微镜、恒温水浴箱、离心机、解剖剪、解剖镊、眼科剪、眼科镊、培养皿、25 mL 培养瓶、血球计数板、离心管、微量加样器、吸管、移液管、酒精灯、试管架、酒精棉球、碘酒、无菌服、口罩、帽子等。

（2）材料：新生乳鼠或胎鼠、Hela 细胞或原代培养细胞、RPMI 1640 培养基（含小牛血清和青霉素与链霉素）、磷酸盐缓冲液（PBS）、胶原酶、0.25%胰蛋白酶（含 EDTA）、Hanks 缓冲溶液、7.4% $NaHCO_3$ 溶液、75%乙醇溶液。

4. 实验步骤

1）动物细胞的原代培养

（1）组织块培养法。

① 将新生乳鼠或胎鼠通过颈椎脱臼法处死，在 75%酒精中浸泡 2~3 s（时间不能过长、以免酒精从口和肛门浸入体内），再用碘酒消毒腹部，取胎鼠带入超净工作台内（或将新生小鼠在超净工作台内）解剖取肝脏，置于培养皿中。使用 Hanks 缓冲液洗涤组织 3 次，并剔除脂肪、结缔组织、血液等杂物。

② 用手术剪将肝脏剪成小块（1 mm^3），再用 Hanks 缓冲液洗 3 次，转移至无菌培养皿中。用眼科剪将组织剪成 0.5~1 mm^3 的小块，加入 2~3 滴细胞培养基，使组织块悬浮在培养基中。

③ 用湿润的吸管分次吸取切碎的组织块，轻轻吹到培养瓶中，并将其按一定间距均匀分布（不可过密），将组织块切面贴在培养瓶底壁上；将培养瓶翻转，使瓶底朝上，在种植了组织块一侧的对侧面加足培养基，勿使组织块与培养基接触。

④ 做好标记（时间，组织名称），将培养瓶种植了组织块的一侧朝上，静置于 37 ℃培养箱中；待组织块贴壁 1~3 h 后翻瓶，使贴壁的组织块浸没于培养基中，继续静置培养。

⑤ 每隔 2~3 天更换一次培养基，或者根据培养基颜色的变化确定换液时间。每天取出培养瓶于显微镜下观察。一般从贴壁的组织块中最先迁移出来的是形态不规则的游走细胞，接着长出成纤维细胞或上皮细胞，这些细胞很少有细胞分裂。随着培养时间的延长，组织块周围形成较大的生长晕，随之细胞生长分裂加快，约 7~15 天可长成致密单层，以供细胞传代培养。

（2）分散细胞培养法。

① 将新生乳鼠或胎鼠通过颈椎脱臼法处死，在 75%酒精中浸泡 2~3 s（时间不能过长、以免酒精从口和肛门浸入体内），再用碘酒消毒腹部，取胎鼠带入超净工作台内（或将新生小鼠在超净工作台内）解剖取肝脏，置于培养皿中。使用 Hanks 缓冲液洗涤组织 3 次，并剔除脂肪、结缔组织、血液等杂物。

② 用手术剪将肝脏剪成小块（1 mm^3），再用 Hanks 缓冲液洗 3 次，转移至无菌培养皿中。

③ 加入 4~5 倍体积胶原酶溶液，置于 37 ℃恒温箱中振荡消化 1~2 h，使细胞分离。

④ 当组织块变得疏松时取出，在超净台中用吸管轻轻吸取消化液，加入 3~5 mL 培养基以终止消化作用。再用吸管反复吹打，使大部分组织块分散成细胞团或单个细胞状态，静置 5~10 min，使未分散的组织块下沉，取悬液加入离心管中。

⑤ 离心（800~1 000 r/min，5~10 min），弃上清液。加入 Hanks 缓冲液 5 mL，重悬细胞，再

离心一次，弃上清液。视细胞量加入培养基 1~2 mL，用吸管轻轻吹打制成细胞悬液。

⑥ 用血球计数板计数，将细胞密度调整到 5×10^5/mL 左右，转移 1 mL 细胞悬液至 25 ml 细胞培养瓶中，再添加 4 mL 培养液，轻轻混匀后盖紧瓶塞，标上细胞名称、组号和接种日期，放置 37 ℃培养箱中培养。

⑦ 每天对培养的细胞进行观察，注意有无污染，培养基的颜色变化，细胞形态等。正常情况下，细胞在接种 24 h 后即可在瓶、皿底壁上贴壁生长。一般每隔 2~3 天换液一次，视培养基的澄清度而定。约 5~10 天细胞基本铺满并形成细胞单层，此时细胞可进行传代。

2）细胞传代培养

（1）贴壁细胞。

① 取已长成致密单层的 Hela 细胞（或原代培养细胞），在酒精灯旁打开瓶塞，倒去培养瓶中的细胞培养液，加入 2~3 mL Hanks 缓冲液（或 PBS 等平衡盐溶液），轻轻振荡漂洗后倾倒去除。

② 加入适量 0.25%的胰蛋白酶液进行消化（盖满细胞面即可），室温或 37 ℃下放置 2~3 min 后，于显微镜下观察细胞单层，当细胞成片收缩，细胞间出现许多间隙时，去除消化液。如未出现缝隙，继续进行消化，直到出现缝隙为止。

③ 加入 3 mL 新鲜培养基（含血清）终止消化。再用吸管吸取培养瓶中的培养液，反复轻轻吹打瓶壁上的细胞层，直至瓶壁上的细胞全部脱落下来。继续轻轻吹打细胞悬液，使细胞分散开。随后补加培养基，按 1∶2 或 1∶3 分配，接种到 2~3 个培养瓶内，再向每个瓶中补加 3~5 mL 培养基。

④ 在分装好的细胞瓶上做好标识，注明细胞代号、日期、姓名，置于 CO_2 培养箱中，并每日观察培养细胞的生长状况。

（2）悬浮/半贴壁细胞的传代培养。

① 用吸管轻轻吹打培养瓶中悬浮或半贴壁的细胞，将其吹打混匀。

② 将细胞吸入 15 mL 离心管中，离心（800~1 000 r/min，5~10 min）。

③ 弃上清液，加入适量新鲜培养基，用吸管吹打混匀。

④ 按 1∶2 或 1∶3 分配，接种到 2~3 个培养瓶内传代培养。（后续操作同上）

5. 注意事项

（1）实验材料要新鲜，从活体分离后需低温保存，并尽快进行细胞分离实验。

（2）严格的无菌操作。可在培养基中加入适量抗生素，抑制可能存在的细菌生长，通常是青霉素和链霉素联合使用。

（3）培养基的选择。不同的细胞对培养液的营养需求不同，要根据所分离细胞的特性进行选择。

（4）动作轻柔，不要伤到组织细胞。

（5）细胞传代后要及时观察，注意有无污染，培养基颜色变化，细胞形态等。

6. 思考题

（1）简述培养细胞生长的条件。

（2）为什么培养细胞长成致密单层后必须进行传代培养？

23.2 细胞活力检测

1. 实验目的

（1）了解细胞活力检测的基本原理。

（2）掌握细胞活力检测方法。

2. 实验原理

死亡和垂死细胞的标志是细胞和核膜的分解。许多活力测定法利用细胞死亡的这种特征来区分活细胞和非活细胞。细胞活力检测可以基于比色、荧光和生物发光检测技术。有各种各样的体外细胞活力检测方法，因此在选择适合的检测方法时要做出多个判断。本实验指导以细胞代谢检测为例。

细胞代谢检测是基于生化标记物的测量方法，以评估细胞的代谢活性。最常用的比色法之一——MTT 比色法[3-(4,5-dimethylthiazol-2-yl)-2-5-diphenyltetrazolium bromide]，利用细胞的线粒体功能来反映细胞活性。MTT 分析测量了线粒体脱氢酶对 MTT 的还原作用，以及由此形成水不溶性的蓝紫色结晶甲臜(Formazan)。

CCK-8 检测是一种基于 SST-8 的广泛应用于细胞增殖和细胞毒性的快速高灵敏度检测。其主要成分为水溶性四唑盐 SST-8[2-(2-甲氧基-4-硝苯基)-3-(4-硝苯基)-5-(2,4-二磺基苯)-2H-四唑单钠盐]，SST-8 是一种类似于 MTT 的化合物，在电子耦合试剂存在的情况下，可以被线粒体内的一些脱氢酶还原生成橙黄色的水溶性的甲臜。

生成的甲臜物的数量与活细胞的数量成正比。用酶联免疫检测仪在 450 nm 波长处测定其光吸收值，可间接反映活细胞数量。该方法已被广泛用于一些生物活性因子的活性检测、大规模的抗肿瘤药物筛选、细胞增殖试验、细胞毒性试验以及药敏试验等。

计算公式：

细胞存活率=[(实验孔-空白孔)/(对照孔-空白孔)]×100%

抑制率=[(对照孔-实验孔)/(对照孔-空白孔)]×100%

实验孔(含有细胞的培养基、CCK-8/MTT、待测物质)

对照孔(含有细胞的培养基、CCK-8/MTT，不含有待测物质)

空白孔(不含细胞和待测物质的培养基，含有 CCK-8/MTT)

3. 仪器与材料

（1）仪器：超净工作台、CO_2 培养箱、酶标仪。

（2）材料：Hela 细胞，RPMI 1640 培养基(含小牛血清和青霉素与链霉素)、磷酸盐缓冲液(PBS)、0.25% 胰蛋白酶(含 EDTA)、CCK-8 检测试剂。

4. 实验步骤

（1）收集对数生长期 Hela 细胞，调整细胞悬液浓度，96 孔板每孔加入 100 μL，使待测细胞密度为 1 000~10 000 细胞/孔。置于 5% CO_2、37 ℃培养箱中培养(培养时间根据细胞种类的不同和每孔内细胞数量的多少进行调整)。

(2) 加入 10 μL 不同浓度的待测物质(比如药物),将培养皿在培养箱孵育一段适当的时间(例如 6、12、24、48 或 72 h 等,根据待测物质的活性调整孵育时间)。

(3) 每孔加入 10 μL CCK－8 溶液。如果起始的培养体积为 200 μL,则需加入 20 μL CCK－8 溶液,其他情况以此类推。

(4) 在细胞培养箱内继续孵育 0.5~4 h,对于大多数情况孵育 1 h 即可。时间的长短根据细胞的类型和细胞的密度等情况而定。

(5) 酶标仪于 450 nm 测定每孔吸光度。

(6) 计算公式:

细胞存活率=[(实验孔-空白孔)/(对照孔-空白孔)]×100%

抑制率=[(对照孔-实验孔)/(对照孔-空白孔)]×100%

其中:实验孔(含有细胞的培养基、CCK－8、待测物质),对照孔(含有细胞的培养基、CCK－8,不含有待测物质),空白孔(不含细胞和待测物质的培养基,含有 CCK－8)。

5. 注意事项

(1) 第一次实验时,建议先做几个孔摸索接种合适的细胞数量和加入 CCK－8 试剂后合适的培养时间。

(2) 接种时注意细胞悬液一定要混匀,以避免细胞沉淀下来,导致每孔中的细胞数量不一致。

(3) 培养皿周围一圈孔培养液容易挥发,为减少误差,建议培养皿周围的四边每孔只加培养基。

(4) 建议采用排枪,减少平行孔间的误差,加 CCK－8 时,建议斜贴着培养皿壁加,不要插到培养基液面下加,容易产生气泡,干扰 OD 值。

(5) 若细胞培养时间较长,培养基颜色或 pH 发生变化,建议更换培养基后再加 CCK－8,含有酚红的培养基不影响测定。

(6) CCK－8 对细胞的毒性非常低,其他的实验,例如中性红法或结晶紫法,也可在 CCK－8 法检测完后继续进行。

6. 思考题

(1) 哪些物质会影响 CCK－8 的测定?

(2) 每次测定的数值不一样,是什么原因?如何解决?

实验 24 流式细胞术检测细胞凋亡及周期

24.1 流式细胞术检测细胞凋亡

1. 实验目的

(1) 了解流式细胞术的基本原理。

(2) 了解细胞凋亡的基本原理。

(3) 了解流式细胞术分析细胞凋亡的检测方法。

2. 实验原理

流式细胞术是对单个细胞或其他生物微粒进行快速定性、定量分析与分选的一门技术。利用流式细胞仪(flow cytometer)分析在高压高速下通过样品孔径的单个细胞,在激光束的照射下发出的散射光和与细胞表面结合的荧光标记的单抗的荧光信号。

Annexin V(或 Annexin A5)为胞内蛋白膜联蛋白家族成员,以钙依赖的方式与磷脂酰丝氨酸(PS)结合。PS 存在于正常细胞浆膜的内层,但在凋亡早期,膜不对称性丧失,PS 易位至细胞表面。荧光标记的 Annexin V 可与之特异性结合,表明该细胞为凋亡细胞。

PI(碘化丙啶)是一种核酸染料,它不能透过正常细胞或早期凋亡细胞完整的细胞膜,但可以透过凋亡晚期和坏死细胞的细胞膜而使细胞核染红。因此,将 Annexin V 与 PI 联合使用时,PI 则被排除在活细胞(Annexin V^-/PI^-)和早期凋亡细胞(Annexin V^+/PI^-)之外,而晚期凋亡细胞和坏死细胞同时被荧光标记的 Annexin V 和 PI 结合染色呈现双阳性(Annexin V^+/PI^+)。

3. 仪器与材料

(1) 仪器:超净工作台、CO_2 培养箱、流式细胞仪、涡旋振荡仪。

(2) 材料:Hela 细胞、RPMI 1640 培养基(含小牛血清和青霉素与链霉素)、磷酸盐缓冲液(PBS)、0.25% 胰蛋白酶(不含 EDTA)、细胞凋亡检测试剂(AnnexinV - FITC、PI、5×Binding Buffer、Apoptosis Positive Control Solution)。

4. 实验步骤

1) 细胞消化

(1) 根据细胞汇合度和密度情况,通常在 T25 细胞瓶中加入 0.25% 胰蛋白酶消化液,盖住细胞,置于 CO_2 培养箱消化。

(2) 当细胞开始圆缩时,用手掌轻拍培养瓶,使细胞脱落。

(3) 温和地吹散细胞,收集细胞。

2) 仪器参数调节

(1) 收集 1×10^6 ~ 3×10^6 个细胞,用预冷 PBS 离心洗涤两次,弃上清液。

（2）加入 500 μL Apoptosis Positive Control Solution 重悬，置冰上孵育 30 min。

（3）用预冷 PBS 离心洗涤，弃上清液。

（4）加入适量预冷 1×Binding Buffer 重悬，并加入数量相同且未经处理的活细胞与之混合。加入预冷 1×Binding Buffer 补充至 1.5 mL，等分成 3 管，其中 1 管为空白对照管、2 管为单染管。

（5）单染管分别加入 5 μL Annexin V－FITC 或 10 μL PI，室温避光孵育 5 min。

（6）在流式细胞仪上，用空白管调节 FSC、SSC 和荧光通道的电压，并在此电压条件下，用单染管调节荧光通道的补偿。

3）样本检测

（1）按实验方案诱导凋亡。

（2）用预冷 PBS 离心洗涤，收集 $1 \sim 10 \times 10^5$ 个细胞（包括培养上清液中的细胞）。用双蒸水稀释 5×Binding Buffer 为 1×Binding Buffer 工作液，取 500 μL 1×Binding Buffer 重悬细胞。

（3）每管加入 5 μL Annexin V－FITC 和 10 μL PI。

（4）轻柔涡旋混匀后，室温避光孵育 5 min。

（5）根据实验方法，进行流式分析。

（6）流式分析：在流式细胞仪上，通过 FITC 检测通道检测 Annexin V－FITC（Ex＝488 nm；Em＝530 nm）和通过 PI 检测通道（Ex＝535 nm；Em＝615 nm）检测 PI，如图 24.1 所示。

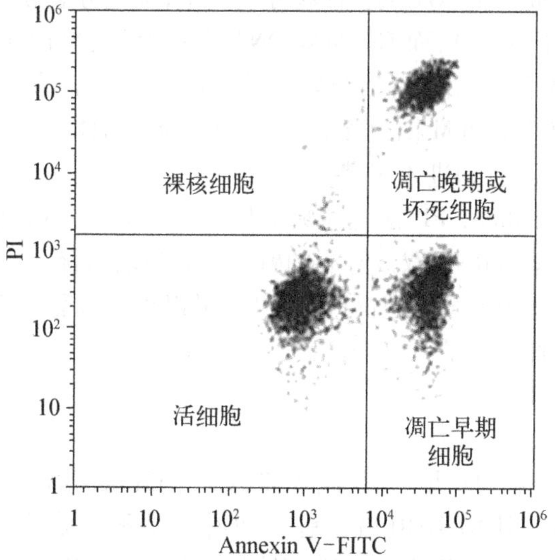

图 24.1　样本检测分析

其中：

Q1：左上象限（UL）为（Annexin V^-/PI^+），可能是已经没有细胞膜的细胞碎片，或者其他原因导致的死亡细胞；

Q2：左下象限（LL）为正常（活）细胞（Annexin V^-/PI^-）；

Q3：右上象限（UR）为晚期凋亡细胞（Annexin V^+/PI^+）；

Q4：右下象限（LR）为早期凋亡细胞（Annexin V^+/PI^-）。

5. 注意事项

(1) 穿戴实验防护服、手套、口罩等必要的防护装备。

(2) 消化时间控制不好,消化过度容易造成PS外翻,带来检测结果假阳性。

6. 思考题

(1) 为什么必须收集细胞上清?

(2) 为什么在染色后1 h内就要上机检测?

24.2 流式细胞术检测细胞周期

1. 实验目的

(1) 了解细胞周期。

(2) 了解流式细胞术分析细胞群体DNA含量分布的基本方法。

2. 实验原理

细胞周期指细胞从前一次分裂结束起到下一次分裂结束为止的活动过程,通常由G0/G1期、S期、G2期和M期组成。G0/G1期: 有丝分裂发生,细胞分裂成两个细胞,进入下一个细胞周期,或者进入静止期(G0期),而G0期从DNA含量上无法与G1期区分,细胞开始RNA和蛋白质的合成,但DNA含量仍保持二倍体。S期: DNA开始合成,细胞核内DNA的含量介于G1期和G2期之间。G2期和M期: 当DNA复制成为4倍体时,细胞进入G2期。G2期细胞继续合成RNA及蛋白质,直到进入M期。

碘化丙啶(propidium iodide, PI)法是经典的周期检测方法。PI为插入性核酸荧光染料,能选择性地嵌入核酸DNA和RNA双链螺旋的碱基之间与之结合。这种染料的结合量与DNA的含量成正比例关系,通过用流式细胞仪进行分析,可以得到细胞周期各个阶段的DNA分布状态,从而计算出各期的百分含量。

3. 仪器与材料

(1) 仪器: 超净工作台、CO_2培养箱、流式细胞仪、涡旋振荡器。

(2) 材料: Hela细胞、RPMI 1640培养基(含小牛血清和青霉素与链霉素)、磷酸盐缓冲液(PBS)、0.25%胰蛋白酶(不含EDTA)、细胞周期检测试剂[DNA染色液(PI溶液,含RNase A)、破膜剂]、无水乙醇。

4. 实验步骤

1) 可当天检测的活细胞样本

(1) 收集2×10^5~1×10^6个细胞,离心弃上清液。用PBS洗涤一次,离心弃上清液。

(2) 加入1 mL DNA染色液和10 μL破膜剂,涡旋振荡5~10 s混匀。室温避光孵育30 min。

(3) 选择最低上样速度,在流式细胞仪上进行检测。

2) 当天无法检测的活细胞样本

(1) 固定细胞

① 收集 $2\times10^5\sim1\times10^6$ 个细胞,离心弃上清液。轻弹管壁,使沉淀重悬在残余的液体中,加入 1 mL 室温 PBS。

② 将细胞缓慢加入至 3 mL 无水乙醇(−20 ℃预冷)中,边加边高速搅拌。−20 ℃固定过夜,可保存数月。

(2) 检测当天,将固定细胞离心,弃去乙醇,轻弹管壁使沉淀松散,加入 2~5 mL 室温 PBS,放置 15 min 使细胞再次水化。离心,弃上清液。

(3) 加入 1 mL DNA 染色液,涡旋振荡 5~10 s 混匀。室温避光孵育 30 min。

(4) 选择最低上样速度,在流式细胞仪上进行检测。

3) 流式细胞周期检测结果图解读

流式细胞周期检测结果如图 24.2 所示。

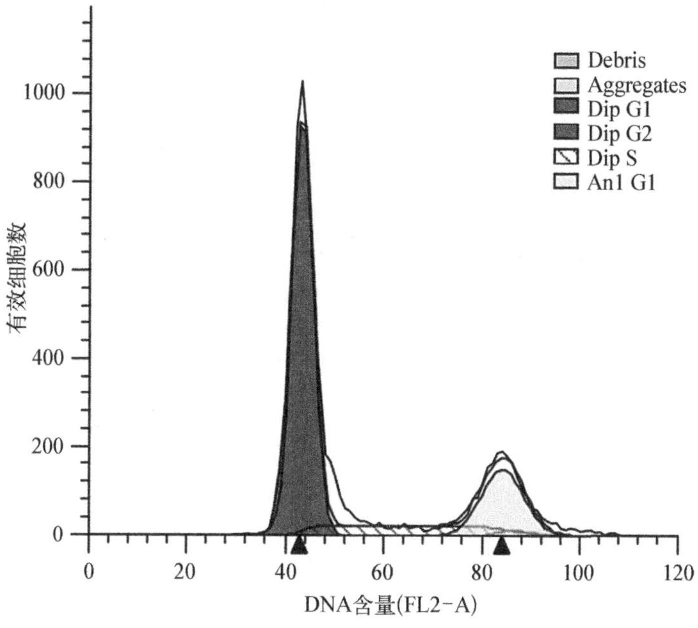

图 24.2　流式细胞周期检测结果图

(1) 纵坐标 Cell Number: 即计数的有效细胞数。

(2) 横坐标 DNA Content: 即 DNA 含量。

(3) 常用的流式细胞术分析细胞周期的方法是依据细胞 DNA 含量(横坐标)来分析的。

(4) G0/G1 期: DNA 复制还没开始,也是 DNA 含量最少的,即流式检测结果图的第一个峰。

(5) S 期: DNA 开始复制,到完成复制,是一个一倍 DNA 到二倍 DNA 的过程,在流式结果图中显示期跨度特别大(第二个不高但很宽的峰)。

(6) G2 期: DNA 复制完成至分裂的一段时间,此时细胞内含二倍 DNA,在流式结果图中的第三个峰。

（7）M 期：细胞分裂过程，此时细胞内也是二倍 DNA，用 DNA 含量的分析方法无法与 G2 期分开。

5. 注意事项

（1）细胞消化控制，减少细胞碎片，制备细胞单悬液。

（2）检测细胞数量要达到 1~2 万个细胞，需多收集细胞以确保检测的细胞数量。

6. 思考题

简述流式细胞术在其他科学研究中的应用。

实验 25　细胞划痕实验检测细胞迁移侵袭能力

1. 实验目的

（1）了解细胞划痕实验的原理及意义。
（2）掌握细胞划痕实验的流程。

2. 实验原理

细胞划痕实验（scratch assay/wound-healing assay）是一种操作简单、经济实惠的研究细胞迁移/肿瘤侵袭的体外试验方法。细胞划痕这种方法的原理是当细胞长到融合成单层状态时，在融合的单层细胞上人为制造一个空白区域，称为“划痕”，划痕边缘的细胞会逐渐进入空白区域使“划痕”愈合。这种方法可以帮助考察细胞迁移/肿瘤细胞侵袭的能力。

3. 仪器与材料

（1）仪器：显微镜。
（2）材料：24 孔板、PBS 缓冲液、记号笔、胎牛血清、细胞培养基（含有药物）。

4. 实验步骤

1）细胞铺板

将细胞完全消化后加入完全培养基终止消化，彻底将细胞吹打均匀，然后按比例铺板。如果不均匀可以用手掌对着一横边和一纵边轻轻拍打，切忌 4 个边都拍打，这样细胞很容易聚到中间。（注：掌握细胞状态，过夜能长满为佳。）

2）细胞划痕

第 2 天用黄枪头并以 24 孔板盖为尺，垂直在原来的培养基里划痕，每孔 1 道（也可多划几道，参考细胞状态），枪头要垂直，不能倾斜。

3）细胞清洗

用 PBS 缓冲液清洗细胞 1~2 次，去除划下的细胞，加入低血清培养基（或者完全培养基）。

4）细胞拍照

细胞清洗完，然后去显微镜下拍照，尽量高倍镜低倍镜都拍照，可以事先在板子底部用记号笔画上小圆圈标记来保证能拍到同一个点，作好记录。

5）细胞给药及取样拍照

加药（可以是不同浓度的药，或者相同浓度不同种类的药物），放入 37 ℃、5% CO_2 培养箱中，培养时间依照实验要求进行，通常以 12 h、24 h、48 h 为准。按所需时间节点安排取样拍照时间。

6）结果分析

通过比较实验组和对照组细胞划痕愈合的面积，可以评估药物对细胞的迁移侵袭能力的影响。

5. 注意事项

（1）一般划痕实验都是在6孔板或者24孔板里操作，可以横竖多划几道，一般是等细胞长满后才开始划痕，然后加入含不同药物的培养基，可以根据观察的时间长短和药物作用的强弱来决定加血清的浓度。

（2）如果观察时间小于24 h，可以不加血清，如果观察时间延长，如要48 h，可以用1%～4%浓度的血清维持细胞的活性。一般当对照组细胞迁移至整个划面的一半或以上时终止观察。

（3）拍照前可以对细胞用PBS缓冲液清洗一遍，以便拍出划痕清晰的照片。

6. 思考题

细胞给药后，培养基中不加血清或者降低血清浓度的目的是什么？

实验 26　Transwell 小室法检测肿瘤细胞迁移能力

1. 实验目的

（1）了解 Transwell 小室法实验技术。
（2）了解肿瘤细胞的转移机制。

2. 实验原理

Transwell 小室法是一种常用的实验技术，用于研究细胞的迁移和侵袭能力，尤其在肿瘤细胞的研究中，这种方法可以帮助了解肿瘤细胞的转移机制。

细胞迁移与侵袭实验就是将小室放入培养皿中，小室内称为上室，培养皿内称为下室，上下层培养液以聚碳酸酯膜相隔，上室内添加上层培养液，下室内添加下层培养液，如图 26.1 所示。将细胞种在上室内，由于膜有通透性，下层培养液中的成分可以影响到上室内的细胞，从而可以研究下层培养液中的成分对细胞生长、运动等的影响。

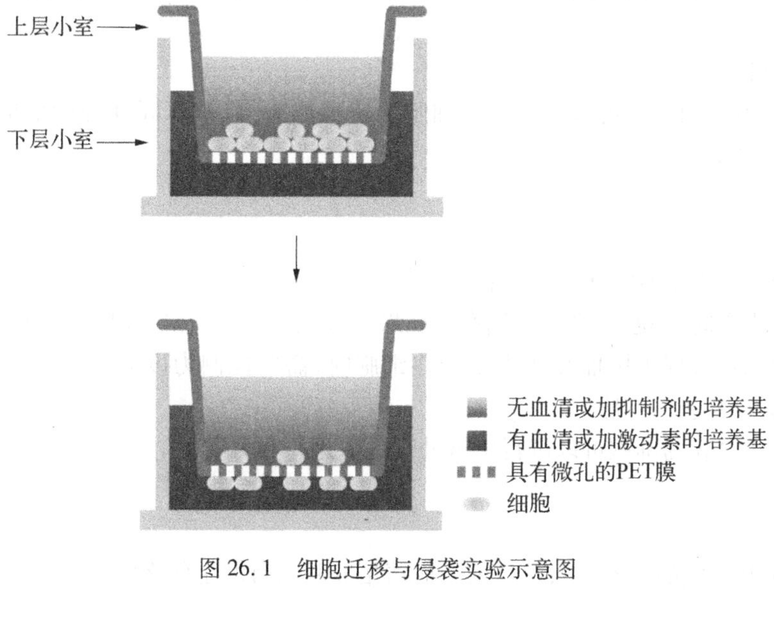

图 26.1　细胞迁移与侵袭实验示意图

3. 仪器与材料

（1）仪器：显微镜。
（2）材料：结晶紫、Transwell 小室、PBS 缓冲液、棉签、细胞培养基。

4. 实验步骤

1）准备 Transwell 小室

选择合适的孔径大小的 Transwell 小室，通常用于肿瘤细胞迁移的孔径为 8 μm。

2）细胞处理

将肿瘤细胞培养至对数生长期，然后进行适当的处理，如血清饥饿，以增强细胞的迁移动力。

3）播种细胞

将处理好的细胞悬液播种在 Transwell 小室的上室，通常需要确定最佳的细胞密度以获得可靠的结果。

4）设置化学梯度

在下室加入含有吸引细胞迁移的化学因子的培养基，如含有较高浓度血清的培养基。

5）培养和迁移

将 Transwell 小室放入培养箱中，让细胞在化学梯度的作用下迁移一段时间，通常为 24 h。

6）固定和染色

迁移结束后，移除上室中的培养基和未迁移的细胞，用棉签轻轻刮去上层细胞。然后用适当的染色方法（如结晶紫染色）对迁移到下层的细胞进行染色。

7）计数和分析

在显微镜下观察并计数迁移到下层的细胞。细胞数量的多少可以反映肿瘤细胞的迁移能力。

8）结果解释

根据迁移细胞的数量，可以评估肿瘤细胞的迁移能力，以及不同处理（如药物处理）对细胞迁移能力的影响。

5. 注意事项

（1）选择实验细胞时需保证细胞状态良好。

（2）放入小室时，小心不要产生气泡。如果有气泡，请小心轻拍底板的侧面以清除气泡。

（3）细胞固定过程中用棉签擦去未迁移细胞时，需要控制力度务必小心，不要戳破底部膜，更不要擦去已穿膜的细胞。

（4）对于难穿膜的细胞可以进行饥饿处理后再进行相关实验。

6. 思考题

在 Transwell 小室的下室加入较高浓度血清培养基的目的是什么？

实验 27　活死细胞染色实验

1. 实验目的

（1）了解活死细胞染色的基本原理。

（2）掌握活死细胞染色的流程。

2. 实验原理

细胞活死染色（live-dead cell staining）是一种用于区分活细胞和死细胞的实验技术，它主要基于活细胞和死细胞对特定染料的亲和力差异，利用染料与细胞内的不同成分发生特异性反应，从而使这些成分在显微镜下呈现出不同颜色和形态的技术。通过这种技术，研究人员可以清晰地观察到活细胞与死细胞，以及细胞内各种结构如细胞核、染色体、细胞器等的位置和形态。

Calcein－AM 是一种可对活细胞进行荧光标记的细胞染色试剂，Calcein－AM 由于在 Calcein 的基础上引入了 AM，加强了疏水性，因此能够轻易穿透活细胞膜。当其进入细胞质后，酯酶会将其水解为 Calcein 并留在细胞内，在激光照射下会发射出强绿色荧光。因 Calcein－AM 具有极低的细胞毒性，其被选为最适合的荧光探针去染活细胞。（激发波长：488 nm，发射波长：515 nm）

碘化丙啶（PI）作为一种细胞核染色探针，其不能穿过活细胞的细胞膜，但可以穿过死细胞的细胞膜的无序区域而到达细胞核并嵌入细胞的 DNA 双螺旋，从而产生红色荧光。（激发波长：488 nm 或 545 nm，发射波长：617 nm）

由于 Calcein 和 PI－DNA 都可被 488 nm 激光激发，因此可用激光共聚焦显微镜同时观察活细胞和死细胞，用 545 nm 激光激发，仅可观察到死细胞，因此 Calcein－AM/PI 经常结合用来作为活细胞和死细胞的双重染色。

3. 仪器与材料

（1）仪器：超净工作台、CO_2 培养箱、激光共聚焦显微镜。

（2）材料：Hela 细胞、细胞培养基（含胎牛血清和青霉素与链霉素）、PBS 缓冲液、0.25% 胰蛋白酶（不含有 EDTA）、活死细胞检测试剂盒。

4. 实验步骤

1）准备细胞

如果使用的是贴壁细胞，先将细胞培养在适当的培养皿或培养瓶中，待细胞生长到合适密度后，进行后续操作。如果是悬浮细胞，则直接从培养液中收集细胞。

2）清洗细胞

移除培养基，用磷酸盐缓冲液（PBS）轻轻洗涤细胞 1～2 次，以去除残留的培养基和血清，避免它们干扰后续的染色过程。

3）配制染色工作液

根据所使用的活死细胞染色试剂盒中的说明，配制适当浓度的活细胞染料（如 Calcein－AM）和死细胞染料（如碘化丙啶 PI）的工作液。

4）染色

将清洗过的细胞与配制好的染色工作液混合，确保染料均匀覆盖细胞。在室温下避光孵育一定时间（通常为 10～30 min），使染料充分进入细胞并与目标物质结合。

5）再次清洗

孵育完成后，用 PBS 缓冲液再次清洗细胞，以去除未结合的染料和背景干扰。

6）观察并分析活死细胞比例

使用激光共聚焦显微镜观察细胞。活细胞会发出绿色荧光（或其他颜色，取决于所使用的活细胞染料），而死细胞会发出红色荧光（或其他颜色，取决于所使用的死细胞染料）。

5. 注意事项

（1）安全事项：碘化丙啶（PI）有一定的致癌性，操作时注意防护，若接触到皮肤，需立即用自来水清洗。

（2）优化实验条件：根据实验的具体需求和细胞类型，优化细胞密度、染色液浓度、孵育时间等条件。通过预实验确定最佳的实验条件，可以提高实验的准确性和可靠性。

（3）记录实验过程和结果：详细记录实验过程中的每一个步骤和结果，包括使用的试剂、浓度、孵育时间、荧光显微镜设置等。这有助于分析实验结果并找出可能的问题所在。

6. 思考题

（1）死细胞被误染成活细胞的原因是什么？

（2）活细胞被误染成死细胞的原因是什么？

实验 28　Western Blot 实验检测细胞凋亡相关蛋白表达

1. 实验目的

了解蛋白免疫印迹实验检测的原理和方法。

2. 实验原理

蛋白免疫印迹(western blot, WB),是一种将电泳分离后的细胞或组织中蛋白质从凝胶转移到固相支持物(如 NC 膜或 PVDF 膜)上,然后用特异性抗体检测某特定抗原的蛋白质检测技术。其目的主要包括检测目的蛋白是否存在,以及在不同样品或处理条件下的表达情况(上调或下调),并通过条带的出现与否及条带的粗细,对蛋白质进行定性或粗定量分析。在医学领域,WB 实验还可用于疾病的早期诊断,通过检测特定蛋白质的表达水平来辅助诊断。

1) 蛋白质分离

使用 SDS -聚丙烯酰胺凝胶电泳(SDS - PAGE)将蛋白质样品根据分子量大小进行分离。SDS 是一种阴离子表面活性剂,它能够使蛋白质变性并赋予蛋白质负电荷,使得蛋白质在电场中根据分子量从小到大排列。

2) 蛋白质转移

分离后的蛋白质通过电转印(electroblotting)或湿转印(wet transfer)的方式从凝胶转移到固相载体上,通常是硝酸纤维素膜或聚偏氟乙烯(PVDF)膜。这个过程中,蛋白质以非共价键的形式吸附在膜上。

3) 特异性检测

将转印后的膜进行封闭处理,以减少非特异性结合。然后,使用特异性的第一抗体(一抗)与目标蛋白质结合。一抗通常是针对目标蛋白质的特定表位(抗原决定簇)的抗体。

4) 信号放大

一抗结合后,使用标记有酶或荧光团的第二抗体(二抗)与一抗结合。二抗通常是针对一抗的 Fc 区域的抗体,并且能够放大信号。

5) 信号检测

通过底物显色或荧光检测,使得与二抗结合的酶活性催化底物产生可见的信号,从而在膜上形成与目标蛋白质相对应的条带。这些条带的位置和强度可以用来分析蛋白质的存在和相对量。

3. 仪器与材料

(1) 仪器:镊子、电泳槽、转膜槽、电泳仪、离心机、脱色摇床、化学发光仪。

(2) 材料:化学发光液 ECL、抗体孵育盒、移液枪、蛋白样品、蛋白 Mark、蛋白 loading buffer、转膜滤纸、脱脂奶粉。

4. 实验步骤

1）样品准备

不同浓度药物处理细胞 24/48 h 后，提取细胞蛋白质样品，并通过 SDS－PAGE 进行分离。

2）电泳

在电泳槽中进行电泳，直至蛋白质分离。

3）转膜

将凝胶上的蛋白质转移到膜上。

4）封闭

使用封闭液（如脱脂奶粉或牛血清白蛋白）处理膜，以减少非特异性结合。

5）一抗孵育

将特异性的凋亡蛋白一抗加入膜中，4 ℃孵育过夜。

6）洗涤

TBST 清洗 3 次，每次 5 min，去除未结合的一抗。

7）二抗孵育

TBST 清洗 3 次，每次 5 min，加入与一抗特异性结合的二抗，室温孵育 1 h。

8）洗涤

TBST 清洗 3 次，每次 5 min，去除未结合的二抗。

9）信号检测

使用底物显色或荧光检测方法，观察并记录结果。

5. 注意事项

（1）无目的条带或条带很弱的原因可能有：是否转膜完全，PVDF 膜是否提前加甲醇浸泡过，抗体及其使用浓度有无问题，靶蛋白表达丰度是否与化学发光试剂灵敏度相匹配。

（2）为了降低背景，可以加强脱脂奶粉封闭，一般 4 ℃摇床过夜。

（3）为了消除背景出现一些小亮点或大片黑背景，清洗时间延长，至少 5～10 min/次×4 次。

6. 思考题

高背景的常见原因有哪些？如何进行改进？

实验 29　大黄中总蒽醌的提取与分离

1. 实验目的

（1）熟悉从大黄中提取总蒽醌的方法。

（2）熟悉用硅胶柱层析方法分离混合羟基蒽醌类成分的一般操作技术。

（3）熟悉蒽醌类化合物的鉴定反应。

2. 实验原理

大黄为蓼科大黄属植物掌叶大黄 *Rheum palmatum L.*、唐古特大黄 *R. tanguticum Maxim. ex Balf.* 或药用大黄 *R. officinale Baill.* 的根及根茎。具有泻下攻积、清热泻火、凉血解毒、逐瘀通经的功效。大黄中含有多种蒽醌衍生物，主要有大黄酚（chrysophanol）、大黄素（emodin）、大黄素甲醚（physcion）、芦荟大黄素（aloe-emodin）、大黄酸（rhein）、番泻叶苷和鞣质等。

根据相似相溶的原理，大黄中各个蒽醌因含有多个羟基而易溶于热乙醇中，利用此性质用乙醇提取大黄中的蒽醌类成分。大黄中主要的蒽醌类成分如图 29.1 所示。总蒽醌的苷元在乙醚中有较好的溶解度，故回收乙醇后总提取物可用乙醚提取总苷元。

根据总蒽醌的苷元含有羟基的不同，极性不同，在吸附柱色谱法上具有不同的保留。利用固体吸附剂对混合物中的不同极性的各个组分的吸附能力不同而使其分离。本实验采用常用的硅胶吸附柱进行蒽醌苷元的分离。

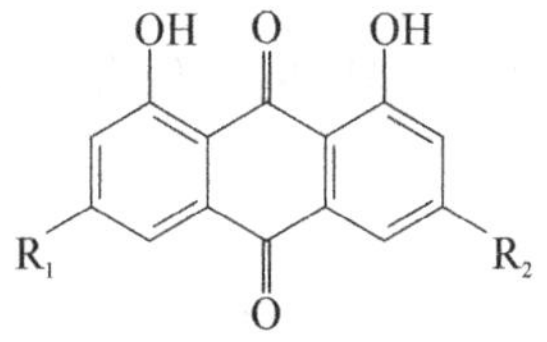

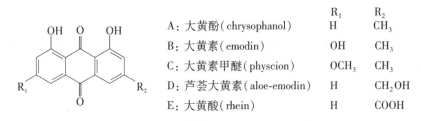

	R_1	R_2
A：大黄酚（chrysophanol）	H	CH_3
B：大黄素（emodin）	OH	CH_3
C：大黄素甲醚（physcion）	OCH_3	CH_3
D：芦荟大黄素（aloe-emodin）	H	CH_2OH
E：大黄酸（rhein）	H	COOH

图 29.1　大黄中主要的蒽醌类成分

3. 仪器与材料

（1）仪器：电热套、圆底烧瓶（1 000 mL，250 mL）、球形冷凝管、分液漏斗、锥形瓶、玻璃柱、薄层板、旋转蒸发器、铁架台、量筒、红外灯。

（2）材料：大黄、95%乙醇、10%硫酸、乙醚、硅胶（160 目）、石油醚、乙酸乙酯、苯。

4. 实验步骤

1）大黄中总蒽醌的提取

称取粗大黄粉 40 g 置 250 mL 烧瓶中第一次加 95%乙醇 120 mL，水浴回流 60 min，过滤。

如法再回流两次，每次加 95% 乙醇 75 mL，回流 60 min，合并三次回流提取液，常压浓缩至 20 mL，得总蒽醌膏状物。

将总蒽醌转移到 250 mL 烧瓶中，加水 30 mL，加 10% 的硫酸 15 mL，加热水解 1 h。将水解液转移到 250 mL 分液漏斗中，加乙醚 30 mL，慢慢振摇，分出乙醚层，水层以同法用乙醚提取 4 次，每次分别加乙醚 30 mL、20 mL、20 mL、20 mL，合并乙醚提取液，回收乙醚，得总游离蒽醌。

2）总蒽醌的柱层析

（1）装柱。

干法装柱：取 100~140 目硅胶 28 g，轻敲柱体，均匀装入层析柱内。

湿法装柱：少量石油醚装入层析柱内，润洗柱子，再以 75 mL 石油醚调 160 目硅胶 28 g 为糊状，均匀倒入柱内，令硅胶自然下沉。

（2）上样品。

干法：称取游离总蒽醌约 20 mg，加 8 mL 乙醇溶解，再加约 1.2 g 硅胶搅拌，于红外灯下干燥后加于柱上。

湿法：20 mg 总蒽醌用石油醚-乙酸乙酯（95∶5）溶解后上柱。

（3）洗脱。

干法柱：向柱内加入石油醚-乙酸乙酯（95∶5）适量，开始流出后，进行洗脱。

湿法柱：操作同上。

当第一个色带流入柱底部时，分步收集，每 5 mL 一份。当第一个色带洗脱完后，改用石油醚-乙酸乙酯（85∶15）继续洗脱，石油醚-乙酸乙酯（80∶20）洗至第三个色带洗完后，停止。

（4）薄层检查。

吸附剂：硅胶板

展开剂：苯-乙酸乙酯（8∶2）

显色：荧光

（5）合并与浓缩。

将部分收集的每份流出物点于硅胶薄板上，展开后，将斑点相同的流份合并，合并后的溶液回收溶剂，放置析出。

5. 注意事项

（1）游离蒽醌的提取要控制温度，回流不宜太剧烈。

（2）分液漏斗的正确使用。

6. 思考题

大黄中各个蒽醌的酸性及极性顺序分别是什么？

实验 30　槐米中芦丁的提取、精制和检识

1. 实验目的

（1）能够运用碱溶酸沉法和结晶法的操作技术对槐米中的芦丁进行提取分离。

（2）能够运用酸水解的操作技术对槐米中的芦丁进行水解。

（3）能够运用纸色谱法和化学法鉴别芦丁和槲皮素。

2. 实验原理

芦丁(rutin)亦称芸香苷(rutisude)，广泛存在于植物界中。现已发现含芦丁的植物约有70余种，如烟叶、槐花米、荞麦叶、蒲公英中均含有大量的芦丁，尤以槐花米和荞麦叶中含量最高，可作为提取芦丁的原料，使用最多的是槐花米。槐花米为豆科植物槐(*sophora japonica L.*)的花蕾，所含主要成分为芦丁，含量可达12%~16%，其次含有槲皮素、三萜皂甙、槐花米甲素、乙素、丙素等。芦丁具有维生素P样作用，可降低毛细血管前壁的脆性和调节渗透性。临床上用于毛细血管脆性引起的出血症，并常作高血压症的辅助治疗药。

芦丁可溶于热水，难溶于冷水，其分子结构中具有较多的酚羟基，显弱酸性，在碱液中易溶解，而在酸性条件下，易析出沉淀，故本实验采用碱溶解酸沉淀的方法自槐花米中提取芦丁。芦丁在冷水中的溶解度为1∶10 000，热水中的溶解度为1∶200，利用这一特点采用重结晶法对芦丁进行精制。利用芦丁可被稀酸水解，生成甙元和糖，通过纸色谱法进行检识和确认芦丁和槲皮素。芦丁和槲皮素的结构式如图30.1所示。

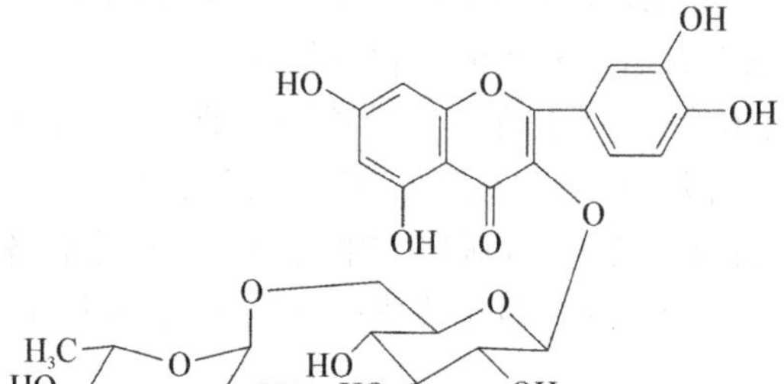

芦丁

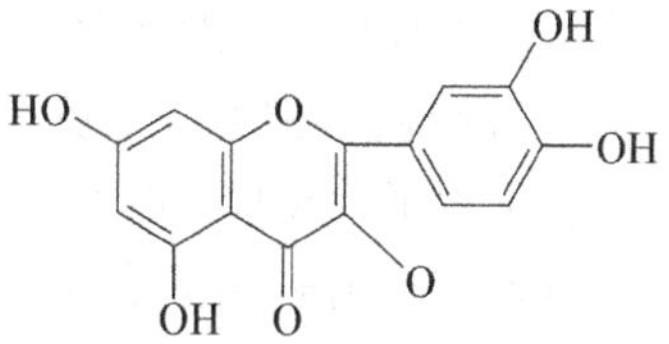

槲皮素

图30.1　芦丁和槲皮素的结构式

3. 仪器与材料

（1）仪器：烧杯(500 mL)、电炉、温度计、布氏漏斗、滤纸、pH试纸、电子天平、烘箱、圆底烧瓶、球形冷凝管、电热套、紫外灯、层析缸。

（2）材料：槐米、石灰乳、硼砂、10%盐酸、2%硫酸、甲醇、三氯化铝、正丁醇、醋酸、氢氧化钡、苯胺-邻苯二甲酸试剂、浓盐酸、镁粉(或锌粉)、乙醇、1%醋酸镁甲醇溶液、浓硫酸、10%

α-萘酚乙醇溶液。

4. 实验步骤

1）芦丁的提取

（1）于500 mL烧杯中加入250 mL水、1 g硼砂，加热煮沸后，称取40 g槐花米粗粉，投入沸水中，直火加热煮沸2~3 min，在搅拌下小心加入石灰乳至pH 8.5~9，加热保持微沸20~30 min，趁热用布挤干，过滤。滤液稍冷却至60~70 ℃用浓盐酸调至pH 2~3左右，放置过夜。

（2）减压过滤，沉淀用水洗二次，然后用少量乙醇洗二次，抽干，称重，即得芦丁粗品。

2）芦丁的精制

（1）将芦丁粗品置烧杯中，按1∶200加蒸馏水，加热煮沸数分钟，使其充分溶解，趁热抽滤，滤液放置过夜。

（2）减压过滤，用少量蒸馏水洗涤沉淀2~3次，抽干，即得芦丁精品，称重，计算提取率。

3）芦丁的水解

（1）取精制芦丁2 g，尽量研细，置于500 mL圆底烧瓶中，加2%硫酸250 mL，于直火加热微沸回流1.5 h，开始加热时溶液为澄清溶液，逐渐析出黄色小针状结晶即槲皮素。

（2）减压过滤，所得沉淀即为槲皮素，称重；滤液保留作糖部分的鉴定。

（3）取水解母液约20 mL，小心地用$Ba(OH)_2$细粉中和至近中性，自然过滤，滤液蒸干，加2~3 mL乙醇溶解，作为糖的供试液。

4）检识

（1）理化鉴别。

① 莫氏(Molish)反应：取芦丁和槲皮素各数毫克，分别置于两支小试管中，加2 mL乙醇溶解，再加10% α-萘酚乙醇液1 mL，振摇使之溶解，然后沿试管壁加浓硫酸约2 mL，静置，观察两液层界面变化，呈紫红色环者表示分子中含糖结构。

② 盐酸-镁粉反应：取芦丁和槲皮素各数毫克，分别置于两支小试管中，加2 mL乙醇热溶，加镁粉少许，滴加浓盐酸，溶液由黄色逐渐变红者示有黄酮类化合物存在。

③ 醋酸镁纸片反应：取两张滤纸，分别滴两滴芦丁和槲皮素的乙醇溶液，然后各加1%醋酸镁甲醇溶液两滴，黄酮类应呈黄色荧光。紫外灯下观察荧光的变化，并记录现象。

④ 三氯化铝纸片反应：取两张滤纸，分别滴两滴芦丁和槲皮素的乙醇溶液，然后各加1%三氯化铝甲醇溶液两滴，黄酮类化合物应呈鲜黄色。紫外灯下观察荧光的变化，并记录现象。

（2）色谱鉴定。

① 芦丁和槲皮素的纸色谱。

支持剂：新华层析滤纸。

点样：自制精制芦丁乙醇液；自制精制槲皮素乙醇液；芦丁标准品乙醇液；槲皮素标准品乙醇液。

展开剂：正丁醇-醋酸-水(4∶1∶5)(上层)或15%醋酸水溶液。

显色：a. 可见光下显黄色斑点，紫外光下观察荧光斑点。b. 用氨熏后再观察。c. 喷1%三氯化铝试液后再观察。

② 糖的纸色谱

支持剂：新华层析滤纸。

点样：自制糖的供试品溶液及葡萄糖、鼠李糖对照品。

展开剂：正丁醇-醋酸-水(4∶1∶5)。

显色剂：苯胺-邻苯二甲酸试剂(喷后105 ℃烘10 min显色)。

画出图谱，计算R_f值。

5. 注意事项

(1) 以碱溶酸沉法得到的提取液，通常因大量黏稠的杂质难以过滤，给实验操作造成困难，为此也可以改变碱水提取液的处理方法。如果将碱水提取液的粗滤液冷却至室温，再继续加入足量石灰乳使pH达到12以上，使提取液中的杂质被石灰乳沉淀，再立即加入20%硫酸溶液调pH至3，令多余的钙盐沉淀出来，在pH=3的酸度下芦丁则可以游离出来，于水浴上加热至50~60 ℃迅速过滤，放置滤液于冰箱中直至沉淀完全析出，抽滤，洗涤、干燥后即得芦丁。

(2) 硼砂的作用：既能调节碱性水溶液的pH，又能保护芦丁减少氧化，但其价格较高，工业上用较大量的石灰乳加入少量的硼砂同样满足提高质量的要求。

(3) 点样时点要细，直径不要大于2 mm，间隔0.5 cm以上，浓度不可过大，以免出现拖尾、混杂现象。

(4) 酸碱性的调节：加入石灰乳使pH 8~9，既可以达到溶解芦丁的目的，又可以除去槐米中含有的大量的多糖黏液质。但是调pH不能过高，否则芦丁与钙离子形成不溶于水的螯合物而析出。

6. 思考题

(1) 根据芦丁的性质还可以有哪些提取方法？

(2) 芦丁和槲皮素为什么有荧光？

(3) 芦丁酸水解为什么用硫酸比用盐酸水解后处理更方便？

实验31　葛根中黄酮类成分的分离、纯化和鉴定

1. 实验目的

(1) 掌握葛根中黄酮类成分提取方法的原理和一般操作方法。

(2) 掌握黄酮类化合物的性质和柱色谱分离方法的原理和一般操作方法。

(3) 熟悉黄酮类化合物的色谱特征。

2. 实验原理

葛根为豆科植物野葛的根,具有解肌退热、生津、透疹、升阳止泻等功效。葛根中含多种黄酮类成分,主要活性成分为大豆素(daidzein)、大豆甙(daidzin)、葛根素(puerarin)、葛根素-7-木糖甙(puerarin-7-xyloside)等,其主要成分为葛根素,即8-β-D-葡萄吡喃糖-4,7-二羟基异黄酮。葛根素具有扩张冠脉和脑血管、降低心肌耗氧量、改善心肌收缩功能、促进血液循环等作用,适用于冠心病、心绞痛、心肌梗死、视网膜动脉和静脉阻塞、突发性耳聋等疾病的治疗,效果显著,是一种重要的中药材。

异黄酮类化合物作为葛根的主要成分,主要有以下几种:

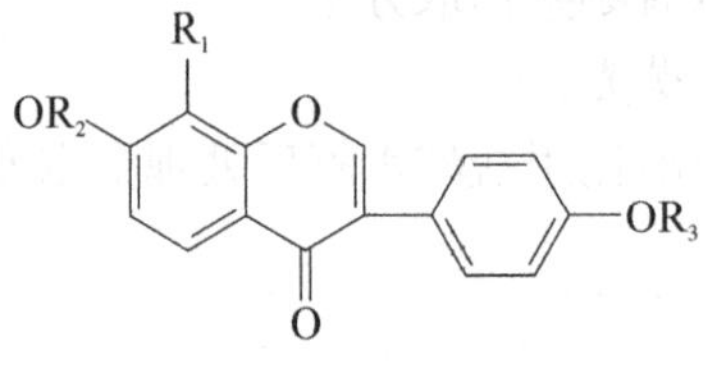

大豆素: $R_1=R_2=R_3=H$

大豆苷: $R_1=R_2=H$　R_3=吡喃葡萄糖

葛根素: $R_2=R_3=H$　R_1=吡喃葡萄糖

大豆素-4′,7-二葡萄糖苷: $R_1=H$　　$R_2=R_3$=葡萄糖

1) 回流提取法

回流提取法是一种常见的植物成分提取方法。该法在应用有机溶剂加热提取时,采用回流加热装置,可以避免溶剂挥发损失。一般小量操作时,可将药材粗粉装入大小适宜的烧瓶中(药材的量为烧瓶容量的1/3~1/2),加溶剂使其浸过药面1~2 cm高,烧瓶上接冷凝器,采用水浴或电热套加热,沸腾后溶剂蒸气经冷凝器冷凝又流回烧瓶中。如此回流1~2 h,滤出提取液,加入新溶剂重新回流1~2 h。如此再反复两次,将提取液合并,蒸馏后回收得到浓缩的提取物。此方法提取效率较冷渗法高,但受热易破坏的成分不宜用此法,且溶剂消耗量大,操作麻烦。因此,大量生产中较少被采用。

2) 硅胶色谱法

硅胶色谱法是常用的色谱方法,适用于天然药用成分的分离,广泛用于萜类、甾类、强心

苷、苯丙素、黄酮、醌类、生物碱类等化合物的分离。色谱用硅胶可用通式 $SiO_2 \cdot xH_2O$ 表示,是一种具有四面体硅氧烷交链结构的多孔性物质,由于其骨架表面具有很多硅醇基,可与待分离的化合物形成氢键而具有吸附性能。因此,硅胶层析法的分离原理是根据物质在硅胶上的吸附力不同而得到分离,一般情况下极性较大的物质易被硅胶吸附,极性较弱的物质不易被硅胶吸附。同时,在洗脱剂(流动相)的作用下,整个层析过程即是吸附、解吸、再吸附、再解吸过程。

硅胶柱层析流动相体系的选择:极性小的用乙酸乙酯:石油醚系统;极性较大的用甲醇:氯仿系统;极性大的用甲醇:水:正丁醇:醋酸系统;拖尾可以加入少量氨水或冰醋酸。

3) 葛根素的鉴定(色谱鉴定)

采用硅胶 GF254 薄层的方法,以二氯甲烷-甲醇(5:1)为展开剂,以葛根素标准品为对照,在 254 nm 紫外光下观察,通过计算比移值(R_f),判断是否为葛根素。

3. 仪器与材料

(1) 仪器:铁架台、铁夹十字夹、1 000 mL 圆底烧瓶、冷凝管、水浴锅、循环水泵、旋转蒸发仪、接收瓶、玻璃柱、研钵、点样用毛细管、层析缸、紫外分析仪、1 000 mL 布氏漏斗、滤纸、烘箱。

(2) 材料:葛根粗粉、95%乙醇、无水乙醇、甲醇、二氯甲烷、200~300 目柱色谱用硅胶、GF254 硅胶板。

4. 实验步骤

1) 葛根素的提取

称取葛根粗粉 150 g,加 4 倍量的 95%乙醇(600 mL),回流提取 1 h,倒出上清液,再回流提取一次。合并提取液,减压回收乙醇至原来体积的 1/3,放置过夜。

2) 过滤除去沉淀物

将滤液回收乙醇至无乙醇味,置于 100 ℃烤箱中至水挥干,搅拌研细,得到葛根总黄酮提取物。加入所得固体 6 倍量的无水乙醇,加热溶解,放冷,滤去沉淀。滤液回收乙醇至 1/3 量,于冰箱中放置过夜,次日过滤去糖,得到葛根素粗品。

3) 装柱

称取葛根素粗提物 10 倍重量的柱色谱硅胶,加入一定量的洗脱剂(二氯甲烷:甲醇=5:1),充分搅拌,混合均匀,搅拌至无阻力后一边搅拌一边加入玻璃柱中。待全部加完后,打开玻璃柱活塞,使洗脱液流滴至柱中硅胶不再沉降,大概需要洗脱 2~3 个柱体积。

4) 准备样品

将葛根粗提取物,加入适量甲醇充分溶解待用,然后将 1.5~2 倍重量的 200~300 目柱色谱用硅胶置于研钵中,用滴管缓慢加入样品溶液,边加边搅拌研磨,吸附拌样,待挥干溶剂后,干法上样。

5) 柱色谱洗脱

用二氯甲烷:甲醇(5:1)为洗脱剂进行柱色谱洗脱。每 15~20 mL 为一流份。用 GF254 硅胶板检测(具备条件见鉴定部分),将含葛根素单一色点的流份合并,回收溶剂至干,称重。

6) 葛根素的鉴定(色谱鉴定)

采用硅胶 GF254 薄层的方法,以二氯甲烷-甲醇(5:1)为展开剂,以葛根素标准品为对照，在 254 nm 紫外光下观察，并计算 R_f 值，判断是否为葛根素。

5. 注意事项

（1）装柱时，硅胶应一次性加入，否则会产生分层现象，对分离效果产生影响。

（2）倒入硅胶的速度应缓慢并尽量保持匀速，以防气泡被带入。如果发现有气泡可以在硅胶柱管外轻轻敲打，有助于去除气泡。

6. 思考题

（1）粗葛根素的提取条件是什么？

（2）分析冰箱静置过夜除糖的原因。

（3）硅胶吸附色谱进行干法装柱的操作要点是什么？

（4）简述硅胶吸附色谱分离葛根素的原理。

实验 32　烟叶中烟碱的提取、分离和鉴定

1. 实验目的

（1）学习水蒸气蒸馏法分离提纯有机物的基本原理和操作技术。

（2）了解生物碱的提取方法和其一般性质。

2. 实验原理

烟碱又名尼古丁，是烟叶中的一种主要生物碱，由吡啶和吡咯两种杂环组成，其结构式为：

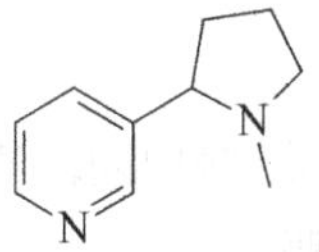

烟碱是含氮的碱性物质，很容易与盐酸结合生成烟碱盐酸盐（强酸弱碱盐）而溶于水。在此提取液中加入强碱 NaOH 后可使烟碱游离出来。游离烟碱在 100 ℃左右具有一定的蒸气压（约 1 333 Pa），因此，最后可用水蒸气蒸馏法分离提取。

烟碱具有碱性，不仅可以使红色石蕊试纸变蓝，也可以使酚酞试剂变红，并可被 $KMnO_4$ 溶液氧化生成烟酸，在与生物碱试剂作用后可产生沉淀。

水蒸气蒸馏是分离纯化有机化合物的重要方法之一，将含有挥发性成分的材料与水一起加热至沸腾，待提纯的具有挥发性、能随水蒸气蒸馏而不被破坏的有机物会随水蒸气一起被蒸馏出来，经冷凝分取，从而达到分离提纯的目的。

3. 仪器与材料

（1）仪器：水蒸气发生器、长颈圆底烧瓶、直形冷凝管、球形冷凝管、锥形瓶、烧杯、蒸气导出管、蒸气导入管、T 形管、螺旋夹、馏出液导出管、玻璃管、电热套、接液管。

（2）材料：烟叶、10% HCl 溶液、40% NaOH 溶液、0.5% HAc 溶液、0.5% $KMnO_4$ 溶液、5% Na_2CO_3 溶液、0.1%酚酞试剂、饱和苦味酸、碘化汞钾、烟叶、红色石蕊试纸板。

4. 实验步骤

1）烟碱的提取与分离

称取烟叶 5 g 于 100 mL 圆底烧瓶中，加入 10% HCl 溶液 50 mL，装上球形冷凝管沸腾回流 20 min。待瓶中反应混合物冷却至室温后倒入烧杯中，在不断搅拌下慢慢滴加 40% NaOH 溶液至呈明显的碱性（用红色石蕊试纸检验）。然后将混合物转入 250 mL 长颈圆底烧瓶中，安装好水蒸气蒸馏装置进行水蒸气蒸馏，当有蒸气大量产生时，关闭 T 形管上的止水夹，收集约 20 mL 提取液后，打开止水夹，停止加热。最后待体系冷却后，关闭冷却水，停止烟碱的提取。

2）烟碱的鉴定

（1）碱性试验：取一支试管，加入 10 滴烟碱提取液，再加入 1 滴 0.1%酚酞试剂，振荡，观察有何现象。

（2）烟碱的氧化反应：取一支试管，加入 20 滴烟碱提取液，再加入 1 滴 0.5% $KMnO_4$ 溶液和 3 滴 5% Na_2CO_3 溶液，摇动试管，于酒精灯上微热，观察溶液颜色是否发生变化，以及有无沉淀产生。

（3）与生物碱试剂反应：

① 取一支试管，加入 10 滴烟碱提取液，然后逐滴滴加饱和苦味酸，边加边摇，观察有无黄色沉淀生成；

② 另取一支试管，加入 10 滴烟碱提取液和 5 滴 0.5% HAc 溶液，再加入 5 滴碘化汞钾试剂，观察有无沉淀生成。

5. 注意事项

（1）注意电热套的温度控制，防止暴沸。

（2）中和反应混合物至明显碱性是关键性步骤，直接影响最后烟碱是否可以成功蒸馏出。

（3）水蒸气蒸馏中注意不要出现倒吸。

6. 思考题

（1）水蒸气蒸馏提取烟碱时，为何要滴加 40% NaOH 溶液中和至呈明显的碱性？

（2）与普通蒸馏相比，水蒸气蒸馏有何特点？

实验 33　丁香中挥发油成分的提取和鉴别

33.1　薄层色谱层析

1. 实验目的

(1) 学习薄层色谱法的原理和方法。

(2) 学会利用薄层色谱分离提纯有机化合物的规范操作。

(3) 掌握比移值的计算方法。

2. 实验原理

基本原理：利用混合物中各组分在某一物质中的吸附或溶解性能（即分配）的不同，或其亲和作用的差异，使混合物的溶液流经该种物质，进行反复的吸附或分配等作用，从而将各组分分开。

薄层色谱（thin layer chromatography）常用 TLC 表示，又称薄层层析，属于固-液吸附色谱，是近年来发展起来的一种微量、快速而简单的色谱法，它兼备了柱色谱和纸色谱的优点。一方面适用于小量样品（几到几十微克，甚至 0.01 μg）的分离；另一方面若在制作薄层板时，把吸附层加厚，将样品点成一条线，则可分离多达 500 mg 的样品，因此又可用来精制样品。故此法特别适用于挥发性较小或在较高温度易发生变化而不能用气相色谱分析的物质。此外，在进行化学反应时，常利用薄层色谱观察原料斑点的逐步消失来判断反应是否完成。依其所采用的薄层材料性质和物理、化学原理的不同，可分为吸附薄层色谱、分配薄层色谱、离子交换薄层色谱和排阻薄层色谱等。

吸附薄层色谱采用硅胶、氧化铝等吸附剂铺成薄层，将样品以毛细管点在原点处，用移动的展开剂将溶质解吸，解吸出来的溶质随着展开剂向前移动，遇到新的吸附剂，溶质又会被吸附，新到的展开剂又会将其解吸，经过多次的解吸-吸附-解吸的过程，溶质就会随着展开剂移动。吸附力强的溶质随展开剂移动慢，吸附力弱的溶质随展开剂移动快，这样不同的组分在薄层板上就得以分离。一个化合物在吸附剂上移动的距离与展开剂在吸附剂上移动的距离的比值称为该化合物比移值 R_f。

薄层色谱是在被洗涤干净的玻板（10 cm×3 cm 左右）上均匀的涂一层吸附剂或支持剂，待干燥、活化后将样品溶液用管口平整的毛细管滴加于离薄层板一端约 1 cm 处的起点线上，晾干或吹干后置薄层板于盛有展开剂的展开槽内，浸入深度为 0.5 cm。待展开剂前沿离顶端约 1 cm 附近时，将色谱板取出，干燥后喷以显色剂，或在紫外灯下显色。记下原点至主斑点中心及展开剂前沿的距离，计算比移值 R_f，如图 33.1 所示。

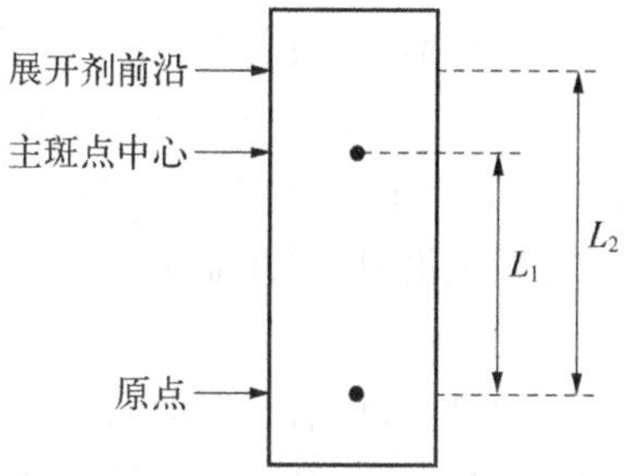

$$R_f=\frac{L_1}{L_2}$$

图 33.1　薄层色谱层析原理示意图

展开剂是影响色谱分离度的重要因素。一般来说,展开剂的极性越大,对特定化合物的洗脱能力也越大,一般常用展开剂按照极性从小到大的顺序排列大概为：石油醚<己烷<甲苯<苯<氯仿<乙醚<THF<乙酸乙酯<丙酮<乙醇<甲醇<水<乙酸。

3. 仪器与材料

(1) 仪器：烘箱或电吹风、薄玻璃板、毛细管(内径小于 1 mm)、层析缸、显色剂喷瓶。

(2) 材料：薄层层析硅胶 G、薄荷油、薄荷脑的 0.1%乙醇溶液、0.5%羧甲基纤维素钠(CMC－Na)水溶液、石油醚、乙酸乙酯、石油醚：乙酸乙酯(85：15)、香草醛-硫酸。

4. 实验步骤

在洗涤干净的玻板上均匀地涂上一层吸附剂或支持剂,待干燥、活化后将样品溶液用管口平整的毛细管滴加于离薄层板一端约 1 cm 处的起点线上,晾干或吹干后,置薄层板于盛有展开剂的层析缸内,浸入深度为 0.5 cm。待展开剂前沿离顶端约 1 cm 附近时,将板取出,干燥后喷以显色剂或在紫外灯下显色或直接观察。

1) 制板

(1) 洗净：取 7.5 cm×2.5 cm 薄玻璃板 4 块,清洗干净,浸入无水乙醇中,取出晾干。取用时手指只可接触薄玻璃板的边缘,不能接触薄玻璃板的两面。

(2) 调糊：在 50 mL 烧杯中,加入 0.5%羧甲基纤维素钠水溶液 8 mL,放入约 3 g 硅胶 G 粉末,调成糊状。

(3) 铺层：用牛角匙将此糊状物倾倒于上述玻璃板上,用食指和拇指拿住玻璃板,做前后、左右振摇摆动,反复数次,使流动的糊状物均匀地铺在薄玻璃板上。每组铺两块。

(4) 活化：将已涂好硅胶 G 的薄层板放置在水平的长玻璃片上,室温放置 0.5 h 后,移入烘箱,缓慢升温至 110 ℃,恒温 0.5 h。取出稍冷放入干燥器中备用。

2) 点样

(1) 画线——起始线和前沿线。

(2) 毛细管点样——斑点大小和斑点间间距。用内径小于 1 mm 的毛细管取样品溶液,在距离薄层板底端 1 cm 处,垂直地轻轻接触薄层板,斑点直径要小于 2 mm,一块薄层板可点 2 个样品,注意保持一定的距离,但斑点不能太靠边。

3) 展开

展开剂选择;展开方法——倾斜上行法。取一有盖的广口瓶作层析缸,加入展开剂[第 1 种：石油醚;第 2 种：乙酸乙酯;第 3 种：石油醚：乙酸乙酯(85：15)],展开剂高度不要超过 5 mm,以免淹没斑点,然后将已点好样品的薄层板放入层析缸中,盖紧,等展开剂上升到接近薄层板上沿时,打开盖子,迅速用铅笔在前沿作一记号取出,晾干。

4) 显色

喷洒显色剂,必要时可适当加热促进显色。计算薄荷油的 R_f 值,并比较在 3 种展开剂中的展开情况,由结果判断何种展开剂最适合分离薄荷油。

5) 实验结果

将实验数据填入表 33.1 中。

表 33.1 薄层色谱层析实验结果

样品编号	样品点距离	展开剂	展开剂距离	R_f	成分
1					
2					

5. 注意事项

（1）调浆时要将硅胶加到 CMC－Na 中，以免生成太多的团块，浆液要有一定的流动性，稠度以能沿玻棒成细线性下滴为宜。

（2）铺板时一定要铺匀，特别是边、角部分，晾干时要放在平整的地方。

（3）点样时点要细，直径不要大于 2 mm，间隔 0.5 cm 以上，浓度不可过大，以免出现拖尾、混杂现象。

（4）展开用的广口瓶要洗净烘干，放入板之前，要先加展开剂，盖上表面皿，让广口瓶内形成一定的蒸气压。点样的一端要浸入展开剂 0.5 cm 以上，但展开剂不可没过样品原点。当展开剂上升到距上端 0.5~1 cm 时要及时将板取出，用铅笔标示出展开剂前沿的位置。

（5）制板和活化：铺板厚度 0.25~1 mm 且均匀，晾干，活化时烘箱要从低温开始。

（6）点样：画线时不能将板划破；点样斑点直径小于 2 mm，斑间距 1~1.5 cm，标准左样品右；点样结束干燥后再进行下一步。

（7）展开：展开剂选用的一般原则是根据样品的极性、溶解度和吸附剂的活性等因素考虑。溶剂的极性越大对样品的洗脱力越强。

（8）显色：照原样画出斑点形状。

（9）要求在原始记录中画出板的真实展开情况并计算 R_f 值。

6. 思考题

如果上述实验中，展开剂的比例变为石油醚：乙酸乙酯＝1：1，预测实验结果会怎么样，R_f 值会变大还是变小？

33.2 丁香中挥发油成分的提取和鉴别

1. 实验目的

（1）掌握水蒸气蒸馏法从中药材中提取挥发油的原理和操作技术。

（2）掌握丁香药材中挥发油的化学组成和一般鉴别方法。

（3）熟悉挥发油的单向二次薄层层析方法。

2. 实验原理

丁香为桃金娘科植物丁香的干燥花蕾，又名丁子香、支解香、雄丁香。辛，温。入胃、脾、肾

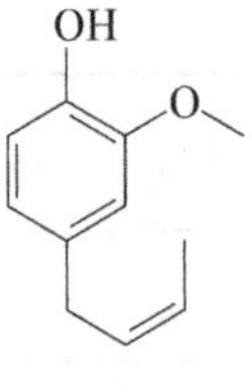

图 33.2
丁香油酚
的结构式

经。能温中,暖肾,降逆。治呃逆,呕吐,反胃,泻痢,心腹冷痛,痃癖,疝气,癣疾。花蕾含挥发油即丁香油,油中主要成分为丁香油酚(eugenol)、乙酰丁香油酚(acetyleugenol)及少量 α-与 β-丁香烯(caryo-phyllene),还含有少量的葎草烯(humulene)、胡椒酚(chavicol)和 α-衣兰烯(α-ylangene);其中丁香油酚约占总挥发油的64%~85%,其结构式如图33.2所示。

丁香油的外观为淡黄或澄明油状物,有丁香的特殊香气,置空气中或长期贮存,则逐渐浓厚而变棕黄色,不溶于水,易溶于醇、醚,相对密度为1.038~1.060。

1) 提取

利用挥发油具有挥发性,可随水蒸气同时蒸发出来的性质,进行提取。油水易分层者,可直接分出油层;油水不易分层者,可用盐析或用低沸点有机溶剂进行萃取得到挥发油。

2) 鉴别

挥发油所含成分复杂,为混合物,可以利用其中各种成分具有的特征官能团,通过采用相应的特性反应试剂进行化学检识和层析薄层鉴别。

3) 单项二次层析

不含氧的烃、萜、烯类极性小于含氧的烃、萜、烯类,单用石油醚(60~90 ℃)进行层析,则极性大的成分不易展开,可以再用石油醚与乙酸乙酯的混合溶剂进行层析,则极性小的成分与极性大的成分能较好地展开。

3. 仪器与材料

(1) 仪器:挥发油提取器、电热套、玻璃仪器气流烘干器、电热恒温干燥箱、500 mL圆底烧瓶、移液管(10 mL、5 mL)。

(2) 材料:丁香、三氯化铁、氨性硝酸银、2,4-二硝基苯肼、碱性高锰酸钾、丁香油对照品、香草醛-浓硫酸、石油醚(60~90 ℃)、乙酸乙酯、硅胶、CMC-Na。

4. 实验步骤

1) 提取

丁香的提取:取丁香三份,每份20 g,分别放入挥发油提取装置的圆底烧瓶中,分别加入如表33.2所示的水量,浸泡30 min,直火加热蒸馏1.5 h,记录挥发油提取量及挥发油颜色,小心分出油层,将油装在小烧瓶中,备用。比较不同加水量对药材中挥发油提取量的影响,通过实验确定最佳溶媒用量。

表 33.2 丁香提取时不同加水量对挥发油提取量的影响

加水量/mL	50	60	70
丁香油体积/mL			
挥发油颜色			

2）鉴别

（1）薄层点滴检识。

取适量挥发油样品加 5~10 倍量无水乙醇溶解，分别加入下述①~⑤项试剂，观察并记录实验结果于表 33.3。

① 三氯化铁：检查酚性成分；

② 氨性硝酸银：检查醛基；

③ 2,4 -二硝基苯肼：检查醛基、酮基；

④ 碱性高锰酸钾：检查不饱和化合物；

⑤ 香草醛-浓硫酸：105 ℃烘烤 10 min，挥发油中各成分显示不同的颜色。

表 33.3 薄层点滴鉴别实验结果

	丁香油对照品	样品丁香油	试剂空白
（1）			
（2）			
（3）			
（4）			
（5）			

（2）薄层鉴定—单向二次层析。

吸附剂：青岛硅胶 G 以 0.4%CMC - Na 水溶液制板，105 ℃活化 1 h。

展开剂：① 石油醚（60~90 ℃）；② 石油醚-醋酸乙酯（85 : 15）。

样品：自制丁香油醇液。

对照品：丁香油酚对照品醇液。

显色剂：喷香草醛-浓硫酸溶液。

结果：与对照品色谱相应的位置上，显相同颜色斑点。绘制丁香油色谱图，并计算 R_f 值。

5. 思考题

挥发油提取过程中应注意哪些影响因素？

实验 34　紫苏精油抗菌薄膜在不同食品模拟液中的迁移速率测定

1. 实验目的

通过测定紫苏精油(perilla oil, PO)抗菌薄膜在不同食品模拟液中的迁移速率,了解其释放迁移机理。

2. 实验原理

植物精油作为天然食品防腐剂(抗菌剂和抗氧化剂)在食品领域中具有巨大的应用潜力。然而,由于植物精油的热稳定性低,水的不溶性和挥发性等原因,其应用受到了限制。为了克服这一问题,国内外的研究学者普遍采取了将精油封装在乳液、脂质体和生物聚合物颗粒等载体中的方法来解决。

精油的释放迁移速率是影响薄膜抗菌和抗氧化性的关键因素。精油的释放迁移机理可阐述为薄膜制备过程中的一系列因素(薄膜基材、精油以及各种添加剂的种类和含量、膜组分间的结合方式、膜的制备方法等)和释放环境(食品的种类、水分含量、pH、环境温湿度等)的改变,导致薄膜内结构、薄膜组分与渗入的食品成分间的相互作用发生改变,从而改变精油的释放迁移速率。

食品包装总迁移量是指在特定的浸泡条件下,选用合适的食品模拟物,从食品包装中迁移到食品模拟物中的非挥发性物质的量。根据 GB/T 23296.1－2009《食品接触材料　塑料中受限物质　塑料中物质向食品及食品模拟物特定迁移试验和含量测定方法以及食品模拟物暴露条件选择的指南》中规定的食品模拟物进行配制。主要包括：水(模拟物 A),乙酸水溶液(模拟物 B,3%),乙醇水溶液(模拟物 C,10%),脂类食品模拟物(模拟物 D)。

3. 仪器与材料

(1) 仪器：均质机、超声波细胞粉碎机、电子天平、涡旋振荡仪、烘箱、塑料培养皿、全波长酶标仪。

(2) 材料：聚乙烯醇(PVA)、甘油、紫苏精油、吐温 80、甲醇、乙醇、乙酸、水基食品模拟物。

4. 实验步骤

1) 制备紫苏精油抗菌薄膜

(1) 将浓度为 2.5%、7.5%、10%(W/V)的紫苏精油和乳化剂吐温 80(1∶1,紫苏精油与吐温 80 的重量比)加入蒸馏水中,以 500 r/min 搅拌 30 min。在室温下,分两步乳化制备紫苏精油纳米乳液。在乳化的第一阶段,使用均质机(10 000 r/min,10 min)。第二阶段,使用超声波细胞粉碎机(240 W,15 min)。

(2) PVA(5% W/V)、甘油(2% W/V)作为增塑剂在 90 ℃蒸馏水中混合,以 500 r/min 搅

拌 4 h 后降温至 60 ℃制备 PVA 溶液。

(3) 将 PVA 溶液与紫苏精油纳米乳液(2.5%、7.5%、10% W/V)以 4∶1 的体积比混合，将 pH 调节至 7。连续搅拌 30 min(500 r/min)后，制备吸水垫成型溶液。将吸水垫成型溶液(20 g)倒入塑料培养皿(50 mm×9 mm)中，并在 40 ℃烘箱中干燥 12 h。

2) 食品模拟物的制备

水基食品模拟液：水(模拟物 A)，GB/T 6682 中规定的一级水；乙酸水溶液(模拟物 B，3%)，将 30 g 乙酸用水稀释定容至 1 L；乙醇水溶液(模拟物 C，10%)，将 100 mL 无水乙醇用水稀释至 1 L。

3) 标准溶液与标准曲线的配制

(1) 准确称取紫苏精油 0.25 g，用甲醇定容至 10 mL，制成 25.0 mg/mL 的标准溶液。

(2) 水基食品模拟物标准曲线的配制：分别称取相应水基食品模拟物(模拟物 A、B、C)2.0 g 于 9 个 10 mL 的容量瓶中，分别加入 0、2、5、10、20、50、70、100 μL 紫苏精油标准溶液，用甲醇定容至刻度，得到溶液中紫苏精油浓度分别为 0、5.0、12.5、25.0、50.0、125.0、175.0、250.0 μg/mL。使用全波长酶标仪测定 292 nm 波长处的吸光度，绘制水基食品模拟物标准曲线。

4) 紫苏精油抗菌薄膜在不同食品模拟液中的迁移量测定和迁移曲线绘制

将紫苏精油抗菌薄膜切成 2 cm×2 cm 小块，浸泡在 50 mL 食品模拟液(模拟物 A、B、C)中。在 5 min、10 min、20 min、40 min、60 min、2 h 和 4 h 时分别收集 2.0 g 模拟液，然后立即在原模拟液中加入 2.0 g 新的模拟液。将收集的模拟液用甲醇定容至 10 mL。使用全波长酶标仪，在 292 nm 波长下测量不同食品模拟溶液中薄膜的紫苏精油释放迁移量，重复测量三次。根据紫苏精油的标准曲线计算紫苏精油的释放迁移量，计算公式如下：

$$\text{Release of PO}(\%) = \frac{M_t}{M_e} \times 100$$

其中，M_t是特定时间的紫苏精油(PO)的释放迁移量，M_e 是释放达到平衡时的释放迁移量。

将不同时间段的释放迁移量进行累加，绘制紫苏精油抗菌薄膜在不同食品模拟液中的迁移曲线，并比较不同食品模拟液之间的迁移速率差异。

5. 注意事项

(1) 若购买的紫苏精油波峰不在 292 nm 处，可使用全波长扫描确定紫苏精油的波峰后再进行标准曲线的绘制。

(2) 紫外吸收光谱测定需要采用石英材料的比色皿。

(3) 实验结束后，要正确处理实验废弃物，以防止污染环境。

6. 思考题

(1) 如何验证和改善该实验的灵敏度、精密度、准确度？

(2) 本实验中除食物模拟液的种类以外还有哪些因素会影响紫苏精油的迁移速率？哪些因素需要在实验中注意并加以控制？